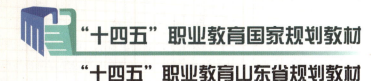

"十四五"职业教育国家规划教材

"十四五"职业教育山东省规划教材

电子电路设计与制作

主　编	赵振铎	王立波	胡明义
副主编	王　芹	王立辉	孙善帅
	李　涛	王惠洋	
编　委	程麒文	刘　浪	李　鹏
	王　健	毛　峰	管玉强

北京理工大学出版社
BEIJING INSTITUTE OF TECHNOLOGY PRESS

内 容 简 介

本书根据《国家职业教育改革实施方案》文件精神及电子产业岗位需求，由职业院校骨干教师联合企业技术人员共同编写。全书共分为模拟电子技术篇和数字电子技术篇两部分，主要内容包括直流稳压电源的设计与制作、放大电路的设计与制作、集成运算放大器的设计与制作、功率放大器的设计与制作、声光控开关的设计与制作、组合逻辑电路的设计与制作、时序逻辑电路的设计与制作、函数信号发生器的设计与制作、模/数（A/D）转换器的设计与制作。

本书可以作为职业院校电子技术应用、电子信息技术、电子电器应用与维修、机电技术应用、智能设备运行与维护等专业的教材，也可作为电子电路设计有关技术人员的参考资料及相关企业单位的培训用书。

版权专有　侵权必究

图书在版编目（CIP）数据

电子电路设计与制作 / 赵振铎，王立波，胡明义主编．--北京：北京理工大学出版社，2021.10（2023.11重印）
ISBN 978 – 7 – 5763 – 0466 – 4

Ⅰ．①电… Ⅱ．①赵…②王…③胡… Ⅲ．①电子电路 – 电路设计 – 高等职业教育 – 教材②电子电路 – 制作 – 高等职业教育 – 教材 Ⅳ．①TN70

中国版本图书馆 CIP 数据核字（2021）第 202186 号

责任编辑：陆世立　　**文案编辑：**陆世立
责任校对：周瑞红　　**责任印制：**边心超

出版发行 / 北京理工大学出版社有限责任公司
社　　址 / 北京市丰台区四合庄路6号
邮　　编 / 100070
电　　话 /（010）68914026（教材售后服务热线）
　　　　　　（010）68944437（课件售后服务热线）
网　　址 / http://www.bitpress.com.cn

版 印 次 / 2023 年 11 月第 1 版第 2 次印刷
印　　刷 / 定州启航印刷有限公司
开　　本 / 889mm×1194mm　1/16
印　　张 / 10.5
字　　数 / 210 千字
定　　价 / 38.00 元

图书出现印装质量问题，请拨打售后服务热线，负责调换

前言

党的二十大报告提出:"教育、科技、人才是全面建设社会主义现代化国家的基础性、战略性支撑。必须坚持科技是第一生产力、人才是第一资源、创新是第一动力,深入实施科教兴国战略、人才强国战略、创新驱动发展战略,开辟发展新领域新赛道,不断塑造发展新动能新优势。""统筹职业教育、高等教育、继续教育协同创新,推进职普融通、产教融合、科教融汇,优化职业教育类型定位。"

本教材依据《国家职业教育改革实施方案》《教育部山东省人民政府关于整省推进提质培优建设职业教育创新发展高地的意见》等文件要求编写而成,坚持以立德树人为根本任务,深化产教融合,促进教育链、人才链与产业链、创新链有效衔接,为培养更多高素质技术技能人才、能工巧匠、大国工匠提供知识支撑,为建设服务技能型社会出力。

本教材可供职业院校教师和学生使用。教材采用"任务驱动"的形式编写,将每个知识点通过任务的形式导出,通过"岗课赛证",培养学生学习电子电路设计与制作的兴趣,强调理论知识指导实践,充分体现理论和实践的结合。本教材是一种典型的融教、学、做于一体的"工学结合"式教材,以典型产品为载体,使学生在完整的工作过程中掌握所需的理论知识和实践技能,更好地适应职业岗位能力、自主学习能力、分析及解决问题能力、社会能力和创新能力的培养要求,体现了应有的职业化特点。

本教材由赵振铎、王立波、胡明义担任主编,王芹、王立辉、孙善帅、李涛、王惠洋担任副主编,由赵振铎完成全书统稿。赵振铎编写了任务一、二;王立波编写了任务三;孙善帅编写了任务四;李涛编写了任务五;王惠洋、王健编写了任务六;李鹏、毛峰编写了任务七;胡明义、管玉强编写了任务八;王立辉编写了任务九;刘浪提供了技术支持。全书由威海职业技术学院王芹教授、日照职业技术学院程麒文教授主审,并且提出了宝贵意见。

由于各职业院校专业设计及办学条件不同，因此任课教师可根据课程安排做适当调整。教学建议学时如下：

序号	内容	学时
任务一	直流稳压电源的设计与制作	8
任务二	放大电路的设计与制作	8
任务三	集成运算放大器的设计与制作	8
任务四	功率放大器的设计与制作	8
任务五	声光控开关的设计与制作	8
任务六	组合逻辑电路的设计与制作	8
任务七	时序逻辑电路的设计与制作	8
任务八	函数信号发生器的设计与制作	8
任务九	模/数(A/D)转换器的设计与制作	8
总学时数		72

由于编者水平有限，书中难免有不足之处，恳请广大读者给予批评指正。

编　者

目录

模拟电子技术篇

任务一　直流稳压电源的设计与制作……… 2

　　一、任务描述 ……………………… 2
　　二、任务目标 ……………………… 2
　　三、任务分析 ……………………… 3
　　四、相关知识 ……………………… 9
　　五、任务实施 ……………………… 17
　　六、任务评价 ……………………… 19
　　七、任务扩展 ……………………… 20

任务二　放大电路的设计与制作…………… 22

　　一、任务描述 ……………………… 22
　　二、任务目标 ……………………… 23
　　三、任务分析 ……………………… 23
　　四、相关知识 ……………………… 35
　　五、任务实施 ……………………… 40
　　六、任务评价 ……………………… 41
　　七、任务扩展 ……………………… 42

任务三　集成运算放大器的设计与制作…… 44

　　一、任务描述 ……………………… 44
　　二、任务目标 ……………………… 45
　　三、任务分析 ……………………… 45
　　四、相关知识 ……………………… 55
　　五、任务实施 ……………………… 59
　　六、任务评价 ……………………… 62
　　七、任务扩展 ……………………… 63

任务四　功率放大器的设计与制作 ……… 66

　　一、任务描述 ……………………… 66
　　二、任务目标 ……………………… 67
　　三、任务分析 ……………………… 67
　　四、相关知识 ……………………… 68
　　五、任务实施 ……………………… 75
　　六、任务评价 ……………………… 77
　　七、任务扩展 ……………………… 77

数字电子技术篇

任务五　声光控开关的设计与制作 …… 82
　　一、任务描述 …… 82
　　二、任务目标 …… 82
　　三、任务分析 …… 83
　　四、相关知识 …… 87
　　五、任务实施 …… 97
　　六、任务评价 …… 100
　　七、任务扩展 …… 101

任务六　组合逻辑电路的设计与制作 …… 103
　　一、任务描述 …… 103
　　二、任务目标 …… 103
　　三、任务分析 …… 104
　　四、相关知识 …… 107
　　五、任务实施 …… 109
　　六、任务评价 …… 111
　　七、任务扩展 …… 112

任务七　时序逻辑电路的设计与制作 …… 114
　　一、任务描述 …… 114
　　二、任务目标 …… 114
　　三、任务分析 …… 115
　　四、相关知识 …… 119
　　五、任务实施 …… 124
　　六、任务评价 …… 127
　　七、任务扩展 …… 127

任务八　函数信号发生器的设计与制作 …… 130
　　一、任务描述 …… 130
　　二、任务目标 …… 130
　　三、任务分析 …… 131
　　四、相关知识 …… 135
　　五、任务实施 …… 137
　　六、任务评价 …… 139
　　七、任务扩展 …… 139

任务九　模/数（A/D）转换器的设计与制作 …… 142
　　一、任务描述 …… 142
　　二、任务目标 …… 142
　　三、任务分析 …… 143
　　四、相关知识 …… 145
　　五、任务实施 …… 150
　　六、任务评价 …… 152
　　七、任务扩展 …… 153

附录 …… 156
　　一、教学辅助：课堂实训报告 …… 156
　　二、创新拓展：全国电子设计竞赛题（摘选） …… 157

参考文献 …… 162

模拟电子技术篇

任务一
直流稳压电源的设计与制作

当今社会人们充分地享受着电子设备带来的便利，而所有的电子设备都有一个共同的电路——电源电路。大到超级计算机、小到微型计算器，所有的电子设备都必须在电源电路的支持下才能正常工作。当然，这些电源电路的样式、复杂程度千差万别。超级计算机的电源电路本身就是一套复杂的电源系统。通过这套电源系统，超级计算机的各部分都能得到持续稳定、符合规范的电源供应。微型计算器的电源电路则相对较简单。可以说，电源电路是一切电子设备的基础。

一、任务描述

设计并制作一个能够将 220 V 工频交流电压转换成 5 V 直流电压的直流稳压电源。电网提供的交流电压为 220 V（有效值），频率为 50 Hz，要获得低压直流输出，首先必须采用电源变压器将电网电压降低，从而获得所需要的交流电压；降压后的交流电压，通过整流电路变成单向直流电压，其幅度变化大（即脉动大）；脉动大的直流电压须经过滤波、稳压电路变成平滑、脉动小的直流电压，即将交流成分滤掉，保留其直流成分；滤波后，再通过稳压电路稳压，便可得到基本不受外界影响的稳定的直流电压输出，供给负载。

二、任务目标

1. 素质目标

1) 构建分析、设计直流稳压电源电路的能力。
2) 树立高尚的职业道德，增强科技创新的意识。
3) 提升协同合作的团队精神。

2. 知识目标

1）了解直流稳压电源的主要功能及应用。

2）掌握直流稳压电源的组成及各部分作用。

3）熟悉变压器、二极管、电容、集成稳压器的定义、作用及应用。

3. 技能目标

1）能够根据任务描述设计直流稳压电源电路。

2）能够正确选择制作电源所需要的元件。

3）能够完成电路的焊接与调试。

4）能够熟练使用不同种类的稳压电源。

三、任务分析

现实生活中，电子设备对电源电路的要求就是能够提供持续稳定、满足负载要求的电能，而且通常情况下都要求提供稳定的直流电能。提供这种稳定的直流电能的电源就是直流稳压电源。直流稳压电源在电源技术中占有十分重要的地位。实训室常用的直流稳压电源如图1-1所示。

图1-1 实训室常用的直流稳压电源

直流稳压电源的功能要求如下。

1）输出电压值能够在额定输出电压值下任意设定和正常工作。

2）输出电流的稳流值能在额定输出电流值下任意设定和正常工作。

3）稳压与稳流状态能够自动转换并有相应的状态指示。

4）对于输出的电压值和电流值要有精确的显示和标识。

5）对于输出的电压值和电流值必须精准，一般要使用多圈电位器和电压电流微调电位器，或者直接数字输入。

6）要有完善的保护电路。直流稳压电源在输出端发生短路及异常工作状态时不会损坏，在异常情况消除后能立即正常工作。

直流稳压电源的特点如下。

1）输出显示：输出的电压、电流可在 LED 上显示。

2）采用 19 英寸标准化尺寸，可组合放置于各种工作台面及机架。

3）体积小、质量轻、节能高效。

4）恒压、恒流：输出恒压、恒流自动切换，电压、电流值连续线性调节。

5）保护功能：可进行过压保护、过流保护、过温保护、欠压保护、过载保护。

6）短路特性：本机工作状态下允许长时间短路。

7）外接补偿：可选外接补偿，以降低因输出回路较长等造成的压降。

8）过压保护值：输出过压保护值可调，保护后切断输出并锁定，重新开机后恢复。

9）通信功能：可选特殊数据接口，与其他设备数据连接控制，或与 PLC 连接（选配）。

10）外控功能：可选 0~5 V 或 4~20 mA 信号控制电源的输出电压和电流（选配）。

11）定时功能：可选定时开关机功能。

（一）直流稳压电源各组成部分的作用

直流稳压电源主要由 4 部分组成：电源变压器、整流电路、滤波电路和稳压电路，如图 1-2 所示。

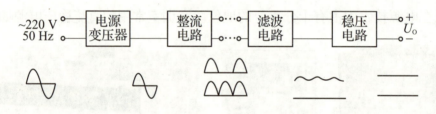

图 1-2　直流稳压电源的组成

1. 电源变压器的作用

电源变压器可将电网提供的交流电压变为整流电路所需的交流电压，一般次级交流电压 u_2 较小。

2. 整流电路的作用

整流电路可将电源变压器的次级交流电压 u_2 变成单相的直流电压 u_3，其包含直流成分和许多谐波分量。

3. 滤波电路的作用

滤波电路可滤除直流电压 u_3 中的谐波分量，从而输出比较平滑的直流电压 u_4。该电压往往随电网电压和负载电流的变化而变化。

4. 稳压电路的作用

稳压电路能在电网电压和负载电流变化时，保持输出直流电压的稳定。它是直流稳压电源的重要组成部分，决定着直流稳压电源的重要性能指标。

（二）整流电路

电源电路中的整流电路主要有半波整流电路、全波整流电路和桥式整流电路 3 种。倍压整流电路用于其他交流信号的整流，如用于发光二极管电平指示器电路中，其作用是对音频信号进行整流。

1. 半波整流电路

半波整流电路是一种最简单的整流电路，由电源变压器、整流二极管 VD 和负载电阻 R_L 组成，其原理图及输出波形如图 1-3 所示。电源变压器把市电电压（220 V 50 Hz）变换为所需要的交变电压 U_2，通过整流二极管 VD 再把交流电压 U_2 变换为脉动直流电压 U_o。

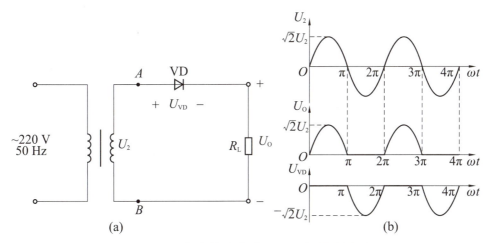

图 1-3　半波整流电路原理图及输出波形
（a）原理图；（b）输出波形

工作原理：在 $0\sim\pi$ 内，U_2 为正半周即变压器 A 端为正，B 端为负，此时 VD 承受正向电压导通，U_2 通过其加在负载电阻 R_L 上；在 $\pi\sim 2\pi$ 内，U_2 为负半周，变压器 B 端为正，A 端为负，这时 VD 承受反向电压，不导通，负载电阻 R_L 上无电压。

此时，输出电压、电流的值分别为

$$U_O = \frac{\sqrt{2}\,U_2}{\pi} \approx 0.45 U_2$$

$$I_O = \frac{U_{O(AV)}}{R_L} \approx \frac{0.45 U_2}{R_L}$$

二极管 VD 的参数选择为

$$U_{R\,max} = \sqrt{2}\,U_2$$

$$I_D = I_O \approx \frac{0.45 U_2}{R_L}$$

2. 全波整流电路

全波整流电路是一种对交流电整流的电路。在这种整流电路中，在半个周期内，电流流过第 1 个整流器件（如二极管），而在另一个半周内，电流流经第 2 个整流器件，并且两个整流器件的连接能使流经它们的电流以同一方向流过负载。全波整流整流前后的波形与半波整流有所不同,因为全波整流中利用了交流的两个半波,这就提高了整流器的效率,并使已整电流易于平滑。因此,全波整流在整流器中被广泛地应用。在应用全波整流器时,其电源变压器必须有中心抽头。无论正半周或负半周,通过负载电阻 R 的电流方向总是相同的。最典型的全波整流电路是由 4 个二极管组成的整流桥,一般用于电源的整流。

3. 桥式整流电路

单相全波整流电路最常用的是由电源变压器、4 个整流二极管($VD_1 \sim VD_4$)和负载电阻 R_L 组成的桥式整流电路,其原理图及输出波形如图 1-4 所示。变压器把市电电压(220 V 50 Hz)变换为所需要的交变电压 U_2,通过桥式整流电路再把交变电压 U_2 变换为脉动直流电压 U_O。

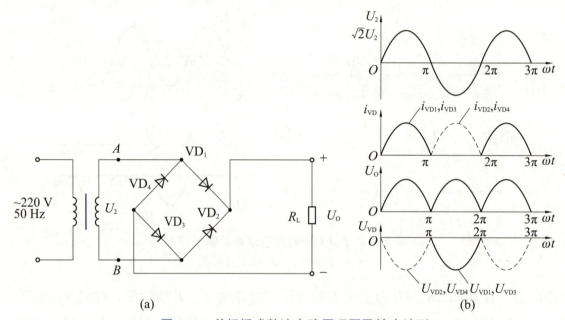

图 1-4　单相桥式整流电路原理图及输出波形
(a) 原理图;(b) 输出波形

工作原理:U_2 为正半周时,对 VD_1、VD_3 加正向电压,VD_1,VD_3 导通;对 VD_2、VD_4 加反向电压,VD_2、VD_4 截止。电路中构成 U_2、VD_1、R_L、VD_3 通电回路,并在 R_L 上形成上正下负的半波整流电压。U_2 为负半周时,对 VD_2、VD_4 加正向电压,VD_2、VD_4 导通;对 VD_1、VD_3 加反向电压,VD_1、VD_3 截止。电路中构成 U_2、VD_2、R_L、VD_4 通电回路,同样在 R_L 上形成上正下负的另外的半波整流电压。

此时,输出电压、电流的值分别为

$$U_O = \frac{2\sqrt{2}\,U_2}{\pi} \approx 0.9 U_2$$

$$I_O = \frac{U_O}{R_L} \approx \frac{0.9 U_2}{R_L}$$

二极管 $VD_1 \sim VD_4$ 的参数选择为

$$U_{R\,max} = \sqrt{2}\,U_2$$

$$I_\mathrm{D} = \frac{I_\mathrm{O}}{2} \approx \frac{0.45U_2}{R_\mathrm{L}}$$

（三）滤波电路

滤波电路常用于滤去整流输出电压中的纹波，一般由电抗元件组成。例如，在负载两端并联电容 C，或与负载串联电感 L，以及由电容、电感组成各种复式滤波电路。

1. 电容滤波电路

图 1-5 为单相桥式整流滤波电路原理图，图 1-6 为单相桥式整流滤波电路输出电压波形。接法：电容 C 与负载电阻并联，利用了电容器两端电压不能突变的原理来平滑输出电压，从而达到滤波的目的。在 $0\sim\pi/2$ 内，因 U_2 的作用，VD_1、VD_3 正偏导通，电容 C 进行充电，输出波形如图 1-6 中的 O–b 所示；在 $\pi/2\sim\pi$ 时间内，因 $U_2<U_\mathrm{C}$，VD_1、VD_3 反偏截止，电容 C 通过负载放电，输出波形如图 1-6 中的 c–d 所示；在 $\pi\sim3\pi/2$ 时间内，因 $U_2>U_\mathrm{C}$，VD_2、VD_4 正偏导通，电容再次进行充电，输出波形如图 1-6 中 d–e 所示。

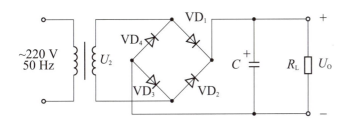

图 1-5　单相桥式整流滤波电路原理图　　图 1-6　单相桥式整流滤波电路输出电压波形

2. 其他几种滤波电路

其他几种滤波电路如图 1-7 所示。LC 滤波电路是根据电抗元件对交、直流阻抗的不同，由电容 C 及电感 L 所组成的滤波电路，其基本形式如图 1-7(a) 所示。因为电容 C 对直流开路，对交流阻抗小，所以电容 C 并联在负载两端。而电感 L 对直流阻抗小，对交流阻抗大，因此 L 应与负载串联。

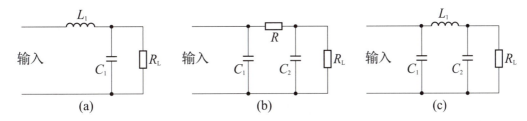

图 1-7　其他几种滤波电路
（a）LC 滤波电路；（b）RC-Ⅱ型滤波电路；（c）LC-Ⅱ型滤波电路

RC-Ⅱ型滤波电路实质上是在电容滤波的基础上再加一级 RC 滤波电路。若用 S 表示 C_1 两端电压的脉动系数，则其输出电压两端的脉动系数 $S' = (1/\omega C_2 R_\mathrm{L})S$。

(四)稳压电路

交流电经过整流可以变成直流电,但是其电压是不稳定的。因为供电电压的变化或用电电流的变化,都能引起电源电压的波动。要获得稳定的直流电源,还必须再增加稳压电路。常用的稳压方式有以下 2 种。

1. 稳压二极管

稳压二极管是利用反向状态的稳压特性进行工作的。因此,稳压二极管在电路中要反向连接。稳压二极管的反向击穿电压称为稳定电压,不同类型的稳压二极管的稳定电压也不一样,某一型号的稳压二极管的稳压值固定在一定范围。例如,2CW11 的稳压值是 3.2~4.5 V,其中某一只二极管的稳压值可能是 3.5 V,另一只二极管则可能是 4.2 V。在实际应用中,如果选择不到符合需要的稳压值的稳压二极管,则可以选用稳压值较低的稳压二极管。

常用的稳压电路原理图如图 1-8 所示。工作原理:当电网电压升高时,U_2 跟着增大,导致电容两端的电压 U_I 升高,输出电压 U_O 升高,因为稳压二极管与输出并联,所以 U_{DZ} 升高,即 I_{DZ} 升高,流过电阻 R 的电流 I_R 升高,即 U_R 升高,此时输出电压 U_O 有降低回去。从而稳压二极管起到了稳定电压的作用。

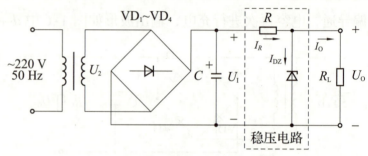

图 1-8 常用的稳压电路原理图

2. 集成稳压器电路

图 1-9 为集成稳压器 78、79 系列输出电路原理图,78 系列输出为固定的正电压,79 系列输出为固定的负电压。

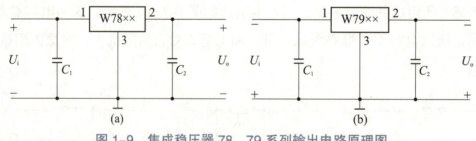

图 1-9 集成稳压器 78、79 系列输出电路原理图
(a) 78 系列;(b) 79 系列

图 1-10 为输出 +5 V 电压的直流稳压电路原理图。

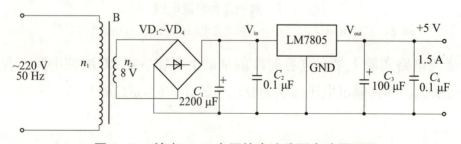

图 1-10 输出 +5 V 电压的直流稳压电路原理图

四、相关知识

（一）变压器

变压器是利用电磁感应的原理来改变交流电压的装置，主要构件是初级线圈、次级线圈和铁芯（磁芯），主要功能包括电压变换、电流变换、阻抗变换、隔离、稳压（磁饱和变压器）等；按用途可以分为配电变压器、电力变压器、全密封变压器、组合式变压器、干式变压器、油浸式变压器、单相变压器、电炉变压器、整流变压器等。电子产品设计中常用的小功率变压器如图1-11所示，其内部原理图如图1-12所示。

图1-11　小功率变压器

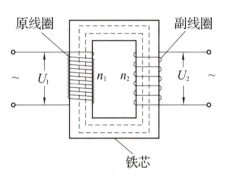

图1-12　小功率变压器内部原理图

变压器两组线圈圈数分别为n_1和n_2，n_1为初级，n_2为次级。

如果在初级线圈上加一交流电压，那么在次级线圈两端就会产生感应电动势。当$n_2 > n_1$时，其感应电动势要比初级所加的电压还要高，这种变压器称为升压变压器；当$n_2 < n_1$时，其感应电动势低于初级电压，这种变压器称为降压变压器。初级、次级电压和线圈圈数间具有下列关系：

$$n = U_1/U_2 = n_1/n_2$$

式中，n为电压比（圈数比），当$n>1$时，则$n_1>n_2$，$U_1>U_2$，即该变压器为降压变压器；反之，则为升压变压器。

电子产品制作中常用的变压器参数：初级电压为220 V或380 V；次级电压为9 V、12 V、24 V；工作频率为50/60 Hz。大家在制作产品时可根据需要自行选择。

（二）二极管

二极管是一种能够单向传导电流的电子器件，其内部有一个PN结的两个引线端子，这种电子器件按外加电压的方向，具备单向电流的传导性。

1. 二极管的结构

二极管是一个由P型半导体和N型半导体形成的PN结，在其界面处两侧形成空间电荷层，并建有自建电场。当不存在外加电压时，PN结两边载流子浓度差引起的扩散电流和自建电场引起的漂移电流相等，处于电平衡状态。当外界有正向电压偏置时，外界电场和自建电场的互相抑消作用使载流子的扩散电流增加从而引出了正向电流。当外界有反向电压偏置时，外界电场和自建电场进一步加强，形成在一定反向电压范围内与反向偏置电压值无关的反向饱和电流。当外加的反向电压高到一定程度时，PN结空间电荷层中的电场强度达到临界值从而形成载流子的倍增过程，产生大量电子空穴对，同时产生数值很大的反向击穿电流，该现象称为二极管的击穿现象。PN结的反向击穿分为齐纳击穿和雪崩击穿两种。按照管芯结构，可将二极管分为点接触型二极管、平面型二极管及面接触型二极管，分别如图1-13～图1-15所示。

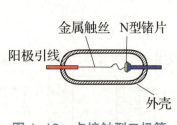

图1-13　点接触型二极管

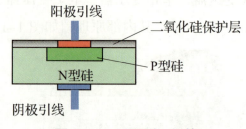

图1-14　平面型二极管

2. 二极管的图形符号

二极管的图形符号如图1-16所示，其中，阳极为正（+）极，阴极为负（-）极。

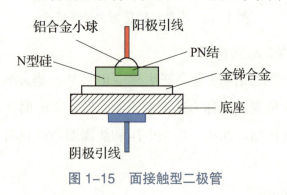

图1-15　面接触型二极管

图1-16　二极管的图形符号

3. 二极管的特性

二极管具有单项导电性，即加正向电压时导通，加反向电压时截止。

对于硅二极管来说，在加有正向电压，其电压值较小时，电流极小；当电压超过0.5 V时，电流开始按指数规律增大，通常称此电压为二极管的开启电压；当电压达到约0.7 V时，二极管处于完全导通状态，通常称此电压为二极管的导通电压，用符号U_D表示。对于锗二极管来说，其开启电压为0.2 V，导通电压U_D约为0.3 V。

在二极管加有反向电压，其电压值较小时，电流极小，其电流值为反向饱和电流I_S。当反向电压超过某个值时，电流开始急剧增大，称之为反向击穿，故称此电压为二极管的反向击穿电压，用符号U_{BR}表示。不同型号的二极管的反向击穿电压U_{BR}值差别很大，从几十伏到几千伏均可。

如果在二极管的两端加上电压来测量流过二极管的电流,则 $I=f(U)$ 之间的关系曲线满足伏安特性。

(1) 正向特性

当正向电压比较小时,正向电流很小,几乎为零。此时,相应的电压称死区电压,范围称死区。死区电压与二极管的材料和温度有关,硅管的死区电压约 0.5 V,锗管的死区电压约 0.1 V。当正向电压超过死区电压后,随着电压的升高,其正向电流迅速增大,此时正向特性曲线如图 1-17 所示。

(2) 反向特性

当二极管加反向电压时,反向电流很小;当其电压超过零点几伏后,反向电流不随电压的增加而增大,即处于饱和状态;如果反向电压继续升高到一定数值,则二极管会被击穿。击穿并不意味二极管损坏,若控制击穿电流,当电压降低后,还可恢复正常。反向特性曲线如图 1-18 所示。

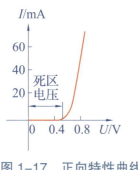

图 1-17　正向特性曲线

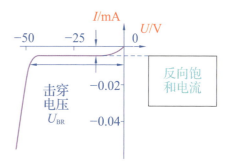

图 1-18　反向特性曲线

4. 二极管的类别及用途

表 1-1 为常见二极管的种类、型号、用途、实物图及图形符号。

表 1-1　常见二极管的种类、型号、用途、实物图及图形符号

种类	普通二极管	整流二极管	开关二极管	稳压二极管	发光二极管	光敏二极管	变容二极管
型号	2AP 系列	2CZ 系列	2CK 系列	2CW 系列	LED 系列	2CU 系列	2CC 系列
用途	高频检波	整流	开关	稳压电路	显示	光控器件	自动调整电路
实物图							
图形符号							

本书主要介绍整流二极、开关二极管、稳压二极管、发光二极管和变容二极管。

(1) 整流二极管

整流二极管的作用是将交流电整流成脉动直流电，它是利用二极管的单向导电特性来工作的。

因为整流二极管的正向工作电流较大，故工艺上多采用面接触型结构。由于这种结构的二极管的结电容较大，因此整流二极管的工作频率一般小于 3 kHz。在选用整流二极管时，主要考虑其最大整流电流、最大反向工作电流、截止频率及反向恢复时间等参数。

普通串联稳压电源电路中使用的整流二极管，对截止频率的反向恢复时间要求不高，只要选择最大整流电流和最大反向工作电流符合要求的整流二极管（如 IN 系列、2CZ 系列、RLR 系列等）即可。

(2) 开关二极管

由于半导体二极管在正向偏压下导通电阻很小，而在施加反向偏压截止时，截止电阻很大，且在开关电路中利用半导体二极管的这种单向导电特性就可以对电流起接通和关断的作用，故将用于这一目的的半导体二极管称为开关二极管。开关二极管主要应用在收录机、电视机等家用电器及电路中存在开关电路、检波电路、高频脉冲整流电路等电子设备中。

(3) 稳压二极管

稳压二极管又名齐纳二极管。稳压二极管是利用 PN 结反向击穿时，电压基本上不随电流变化而变化的特点来达到稳压的目的。因为能在电路中起稳压作用，故称其为稳压二极管（简称稳压管）。稳压二极管是根据击穿电压来分档的，其稳压值就是击穿电压值。稳压二极管主要作为稳压器或电压的基准元件使用，稳压二极管可以串联起来从而得到较高的稳压值。

(4) 发光二极管

发光二极管的英文简称是 LED，它采用磷化镓、磷砷化镓等半导体材料制成。发光二极管除了具有普通二极管的单向导电特性之外，还可以将电能直接转换为光能。当给发光二极管外加正向电压时，其处于导通状态。当正向电流流过管芯时，发光二极管就会发光，从而将电能转换成光能。

发光二极管的发光颜色主要由制作的材料以及掺入杂质的种类决定。目前常见的发光二极管的发光颜色主要有蓝色、绿色、黄色、红色、橙色、白色等。其中，白色发光二极管是新型产品，主要应用在手机背光灯、液晶显示器背光灯、照明等领域。

发光二极管的工作电流通常为 2~25 mA。其工作电压（即正向压降）随着材料的不同而不同，其中普通的绿色、黄色、红色、橙色发光二极管的工作电压约 2 V；白色发光二极管的工作电压通常高于 2.4 V；蓝色发光二极管的工作电压通常高于 3.3 V。发光二极管的工作电流不能超过额定值太高，否则会有烧毁的危险。因此，通常在发光二极管的回路中串联一个电阻 R 作为限流电阻。

红外发光二极管是一种特殊的发光二极管，其外形和发光二极管相似，只是它发出的是红外光，在正常情况下人眼是看不见的。其工作电压约 1.4 V，工作电流一般小于 20 mA。有些公司将两个不同颜色的发光二极管封装在一起，使之成为双色二极管（又名变色发光二极管）。这种发光二极管通常有 3 个引脚，其中一个是公共端，它可以发出 3 种颜色的光（两种颜色及它们的混合色），故通常作为不同工作状态的指示器件。

（5）变容二极管

变容二极管是利用反向偏压来改变 PN 结电容量的特殊半导体器件。变容二极管相当于一个容量可变的电容器，它的两个电极之间的 PN 结电容的大小，随加到变容二极管两端反向电压大小的变化而变化。当加到变容二极管两端的反向电压增大时，变容二极管的容量减小。变容二极管主要用于电调谐回路（如彩色电视机的高频头）中，作为一个可以通过电压来控制的自动微调电容器。

在选用变容二极管时，应着重考虑其工作频率、最高反向工作电压、最大正向电流和零偏压结电容等参数是否符合应用电路的要求。一般应选用结电容变化大、反向漏电流小的变容二极管。

5. 二极管的主要参数

（1）最大整流电流 I_{FM}

最大整流电流是指二极管长期连续工作时，允许通过的最大正向平均电流值，其值与 PN 结面积及外部散热条件等有关。因为电流通过二极管时会使管芯发热，温度上升，当温度超过容许限度（硅管为 141 ℃左右，锗管为 90 ℃左右）时，就会使管芯过热而损坏。所以，在规定散热条件下，使用二极管时实际电流值不要超过其最大整流电流值。例如，常用的 IN4001 — 4007 型锗二极管的额定正向工作电流为 1 A。

（2）最高反向工作电压 U_{dRM}

当加在二极管两端的反向电压高到一定值时，会将二极管击穿，使其失去单向导电能力。为了保证二极管的使用安全，规定了最高反向工作电压值。例如，IN4001 二极管的反向耐压为 50 V，IN4007 反向耐压为 1 000 V。

（3）反向电流 I_{dRM}

反向电流是指二极管在常温（25 ℃）和最高反向工作电压作用下，流过二极管的反向电流。反向电流越小，二极管的单向导电性能越好。值得注意的是，二极管的反向电流与温度有着密切的关系，温度大约每升高 10 ℃，其反向电流增大一倍。例如，2AP1 型锗二极管，在 25 ℃时其反向电流若为 250 μA，温度升高到 35 ℃，则反向电流将上升到 500 μA。依此类推，在 75 ℃时，其反向电流已达 8 mA，不仅失去了单方向导电特性，还会使二极管过热而损坏。

6. 二极管的识别与检测

（1）用指针式万用表检测

指针式万用表测量如图 1-19 所示，在指针式万用表上，红表笔是（表内电源）负极，黑表笔是（表内电源）正极。将万用表的挡位调到电阻挡的 $R \times 100$ 或 $R \times 1 k$ 挡，分别对二极管的正、反向电阻各测量一次并记录数据，测量时手不要接触引脚。一般硅管的正向电阻为几千欧，锗管的正向电阻为几百欧，反向电阻为几百千欧。如果测得正、反向电阻都是∞或为0，则二极管内部断路或短路。

（2）用数字万用表检测

在数字万用表上，红表笔是（表内电源）正极，黑表笔是（表内电源）负极。将挡位调到图 1-20 所示进行测量，当 PN 结完好且正偏时，其显示值为 PN 结两端的正向电阻值。当反偏时，显示"1."（说明阻值太大，选择的挡位太小无法显示）。

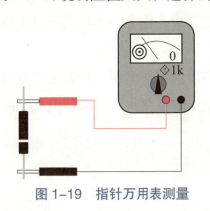

图 1-19 指针万用表测量

图 1-20 数字万用表测量

（三）电容

电容器是电子设备中大量使用的电子元件之一，广泛应用于电路中的隔直通交、耦合、旁路、滤波、调谐回路、能量转换、控制等方面。通常称电容器容纳电荷的本领为电容，用字母 C 表示，单位是法拉（F）。一般来说，电荷在电场中会受力而移动，当导体之间有了介质，则阻碍了电荷移动而使电荷累积在导体上，从而造成电荷的累积储存，储存的电荷量则称为电容。

1. 电容的读法

（1）直标法

直标法是指用数字和单位符号直接标出。例如，1 μF 表示 1 微法，有些电容用"R"表示小数点，如 R56 表示 0.56 微法。

（2）文字符号法

文字符号法是指用数字和文字符号有规律的组合来表示容量。例如，p10 表示 0.1 pF，1 p0 表示 1 pF，6 p8 表示 6.8 pF，2u2 表示 2.2 μF。

（3）色标法

色标法是指用色环或色点表示电容的主要参数。电容的色标法与电阻相同。

电容偏差标志符号：+100%-0—H、+100%-10%—R、+50%-10%—T、+30%-10%—Q、+50%-20%—S、+80%-20%—Z。

（4）数学计数法

如瓷介电容，标值 272，容量就是 27×100 pF=2700 pF。如果标值 473，即为 47×1 000 pF=

47 000 pF（最后一位的 2、3 都表示 10 的多少次方）。又如，标值 332 为 33×100 pF=3 300 pF。

2. 电容的种类

几种常见的电容如图 1-21 所示。

1）按照结构分：固定电容、可变电容和微调电容。

2）按电解质分：有机介质电容、无机介质电容、电解电容、电热电容和空气介质电容等。

3）按用途分：高频旁路电容、低频旁路电容、滤波电容、调谐电容、高频耦合电容、低频耦合电容、小型电容。

4）按制造材料的不同分：瓷介电容、涤纶电容、电解电容、钽电容，还有先进的聚丙烯电容等。

5）具有高频旁路作用的电容：陶瓷电容、云母电容、玻璃膜电容、涤纶电容、玻璃釉电容。

6）具有低频旁路作用的电容：纸介电容、陶瓷电容、铝电解电容、涤纶电容。

7）具有滤波作用的电容：铝电解电容、纸介电容、复合纸介电容、液体钽电容。

8）具有调谐作用的电容：陶瓷电容、云母电容、玻璃膜电容、聚苯乙烯电容。

9）具有低耦合作用的电容：纸介电容、陶瓷电容、铝电解电容、涤纶电容、固体钽电容。

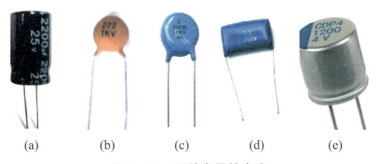

图 1-21 几种常见的电容

（a）电解电容；（b）陶瓷电容；（c）高压瓷片电容；（d）薄膜电容；（e）固态铝电解电容

3. 电容的作用

（1）旁路

旁路电容是为本地元件提供能量的储能元件，它能使稳压器的输出均匀化，降低负载需求。

（2）去耦

去耦电容可以区分为驱动的源和被驱动的负载。如果负载电容比较大，则驱动电路要将电容充电、放电，才能完成信号的跳变。在上升沿比较陡峭的时候，电流比较大，这样驱动的电流就会吸收很大的电源电流。由于电路中存在电感、电阻（特别是芯片管脚上的电感会产生反弹），因此这种电流相对于正常情况来说实际上就是一种噪声，会影响前级的正常工作，这就是所谓的"耦合"。

去耦电容就是起到一个"电池"的作用，能满足驱动电路电流的变化，避免相互间的耦合干扰，在电路中进一步减小电源与参考地之间的高频干扰阻抗。

将旁路电容和去耦电容结合起来会更容易理解。旁路电容实际也是去耦合的,只是旁路电容一般指高频旁路,也就是给高频的开关噪声提供一条低阻抗途径。高频旁路电容一般比较小,根据谐振频率一般取 0.1 μF、0.01 μF 等;而去耦合电容的容量一般较大,可以是 10 μF 或者更大,依据电路中分布参数以及驱动电流的变化大小来确定。旁路是把输入信号中的干扰作为滤除对象,而去耦则是把输出信号中的干扰作为滤除对象,防止干扰信号返回电源。

(3)滤波。

滤波电容的作用是通高阻低,即通高频阻低频。电容越大则高频越容易通过。具体用在滤波中,大电容(1 000 μF)滤低频,小电容(20 pF)滤高频。它把电压的变化转化为电流的变化,频率越高,峰值电流就越大,从而缓冲了电压。滤波就是充电、放电的过程。

(4)储能。

储能型电容通过整流器收集电荷,并将存储的能量通过变换器引线传送至电源的输出端。

(四)集成稳压器

集成稳压器又称集成稳压电路,是将不稳定的直流电压转换成稳定的直流电压的集成电路,用分立元件组成的稳压电源,具有输出功率大,适应性较强的优点,但体积大、焊点多、可靠性差的缺点使其应用范围受到限制。近年来,集成稳压器已得到广泛应用,其中小功率的稳压器以三端式串联型稳压器应用最为普遍。

集成稳压器按出线端子的多少和使用情况大致可分为三端固定式集成稳压器、三端可调式集成稳压器、多端可调式集成稳压器及单片开关式等,下面主要就前 3 种进行介绍。

1. 三端固定式集成稳压器

三端固定式集成稳压器是将取样电阻、补偿电容、保护电路、大功率调整管等都集成在同一芯片上,使整个集成电路块只有输入、输出和公共 3 个引出端,使用起来非常方便,因此获得广泛应用。其缺点是输出电压固定,所以必须生产各种输出电压、电流规格的系列产品。例如,7800 系列集成稳压器是常用的固定正输出电压的集成稳压器,7900 系列集成稳压器是常用的固定负输出电压的集成稳压器,它们的封装及管脚如图 1-22 所示。例如,LM7805 输出 +5 V 电压,LM7909 输出 -9 V 电压。

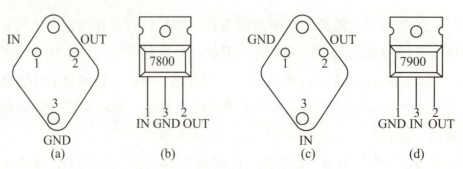

图 1-22　7800 系列、7900 系列集成稳压器封装及管脚

(a)TO-3 封装;(b)TO-220 封装;(c)TO-3 封装;(d)TO-220 封装

2. 三端可调式集成稳压器

三端可调式集成稳压器只需外接两只电阻即可获得各种输出电压。例如，CW317 为常用的三端可调正输出集成稳压器，CW337 为常用的三端可调负输出集成稳压器，如图 1-23 所示。

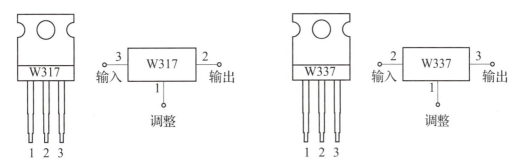

图 1-23　CW317、CW337 可调节集成稳压器管脚

3. 多端可调式集成稳压器

多端可调式集成稳压器是早期的集成稳压器产品，其输出功率小，引出端多，使用不太方便，但精度高，价格便宜，如 CW3085、CW1511。

五、任务实施

（一）制作（焊接）电路

1. 项目内容

制作一个输出 +5 V 电压的直流稳压电路。

2. 工具、器材及设备

电烙铁、烙铁架、焊锡、松香、镊子、尖嘴钳、斜口钳、示波器、数字万用表、函数发生器。常用焊接工具如图 1-24 所示，使用设备如图 1-25 所示。

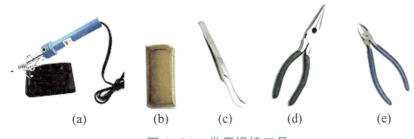

图 1-24　常用焊接工具
（a）电烙铁、烙铁架；(b) 松香；(c) 镊子；(d) 尖嘴钳；(e) 斜口钳

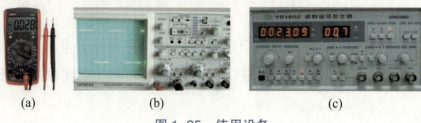

图 1-25　使用设备

（a）万用表；（b）示波器；（c）函数发生器

3. 元件清单

直流稳压电源元件清单如表 1-2 所示。

表 1-2　直流稳压电源元件清单

元件名称	型号、规格	数量	备注
变压器	输入 220 V，输出 8 V	1 个	
整流二极管	IN4007	4 个	
电解电容	2200 μF/25 V	1 个	
电解电容	100 μF/16 V	1 个	
陶瓷电容	0.1 μF	2 个	
集成稳压器	LM7805	1 个	

4. 焊接电路

焊接电路可参考图 1-10 进行，请自行完成。

（二）调试电路

1. 观察与测量整流电路的波形

取交流输入电压（有效值）U_2=8 V，先不接滤波电容 C_1，用示波器观察整流输出电压 U_1 的波形，并用直流电压表测出 U_1 的值；然后接入滤波电容 C_1，再观察整流、滤波输出电压 U_1 的波形，并测出 U_1 的值。

2. 观察与测量滤波电路的波形

将示波器的 2 个测量表放到 C_1 的两端，观察并记录 U_C 的波形和电压。

3. 观察与测量输出电压 U_o 的波形

将示波器的 2 个测量表放到 C_4 的两端，观察并记录 U_o 的波形和电压。

（三）记录输出结果、撰写总结报告

1）记录输出结果

记录直流稳压电源测量点电压，完成表1-3。

表 1-3　直流稳压电源测量点电压

测量电压	输出值 /V	电压波形	备注
变压器输出 U_1			
整流输出 U_{C_1}			
滤波输出 U_{C_2}			
稳压输出 U_o			

2）撰写任务总结报告。

六、任务评价

对本任务的知识掌握与技能运用情况进行测评，完成表1-4。

表 1-4　任务测评表

测评项目	测评内容	自我评价	教师评价
基本素养 （30分）	无迟到、无早退、无旷课（10分）		
	团结协作能力、沟通能力（10分）		
	安全规范操作（10分）		
知识掌握与 技能运用 （70分）	正确说出直流稳压电源的组成原理及各部分作用（10分）		
	正确设计直流稳压电源电路（10分）		
	正确使用变压器、整流二极管、电容、集成稳压器（20分）		
	正确制作完成直流稳压电源，能够输出 +5 V 电压（20分）		
	正确使用实训室的稳压电源（10分）		
综合评价			

七、任务扩展

（一）实验目的

1）了解串联式直流电源电路的结构原理、性能。
2）掌握使用串联式集成稳压器设计直流稳压电源的方法。

（二）实验内容

1）采用串联式集成稳压器构成可调直流稳压电源电路。
2）测量各项性能指标，了解提高性能的方法。

（三）实验原理及实验电路说明

三端可调式稳压器的典型产品有 CW317（正电压输出）和 CW337（负电压输出）。其中，CW317 内部电路包括比较放大器（又称误差放大器）、偏置电路、恒流源电路、带隙基准电压源、保护电路和调整器。其公共端改接到输出端，器件本身无接地端，所以消耗的电流均从输出端流出。内部的基准电压（典型值为 1.25 V）接至误差放大器的同相端和调整端（ADJ）之间，并由一个恒流特性很好的超级恒流源供电，提供 50 μA 的恒流，该电流从 ADJ 端流出。特别情况下，若将 ADJ 端接地，则 CW317 就构成输出电压为 1.25 V 的三端固定式稳压器。若在外部接上调节电阻 R_1、R_2 后，输出电压为

$$U_O = U_{REF}\left(1 + \frac{R_2}{R_1}\right)$$

式中，U_{REF} 为基准电压。

图 1-26 为 CW317 直流输出可调电路原理图。图中 R_1、R_P 构成取样电阻；C_3 用于滤除 R_P 两端的纹波，使之不能经放大后从输出端输出。VD_6 是保护二极管，一旦输入或输出发生短路故障，由 VD_6 给 C_3 提供泄放回路，避免 C_2 经过 CW317 内部放电而损坏芯片。C_4 的作用是防止输出端产生自激振荡，VD_1 起输入端短路保护作用。

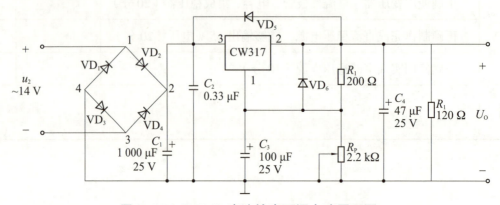

图 1-26　CW317 直流输出可调电路原理图

（四）实验设备及所需元件

可调直流稳压电源元件清单如表 1-5 所示。

表 1-5　可调直流稳压电源元件清单

元件名称	型号、规格	数量	备注
三端可调式集成稳压器	CW317	1 个	
二极管	IN4002	2 个	
二极管	IN4007	4 个	
电解电容	47 μF/25 V	1 个	
电解电容	100 μF/25 V	1 个	
电解电容	1 000 μF/25 V	1 个	
陶瓷电容	0.33 μF	1 个	
296 多圈电位器	2.2 kΩ	1 个	
电阻	200 Ω、120 Ω	各 1 个	
导线		若干	

（五）实验步骤

CW317 直流稳压可调电路实物图如图 1-27 所示。

1）按图 1-26 焊接好电路。

2）接通电源，用万用表测量 CW317 输入端电压，再测量输出端电压，调整电位器 R_P，使输出端电压为 5 V，计算此时 R_P 的数值。

3）调整电位器 R_P，使输出端电压为 9 V，计算 R_2 的数值。

4）在输出端接入负载电阻（47 Ω/2 W），改变电容 C_1 的数值（改为 470 μF），比较改变前后输出电压的波形。

图 1-27　CW317 直流稳压可调电路实物图

（六）实验报告要求

1）整理实验数据，画出实验曲线。

2）撰写实验报告。验证串联式稳压电源的工作原理；分析反馈回路电阻与输出直流电压的关系；说明输出滤波电容的作用。

任务二
放大电路的设计与制作

放大电路能够将一个微弱的交流小信号（叠加在直流工作点上），通过一个装置（核心为晶体管、场效应管），得到一个波形相似（不失真），但幅值却很大的交流大信号的输出。放大电路在不同时期的电子领域中扮演着不同的角色。

1）放大电路被首次用于中继传播设施。例如，在旧式电话线路中，用弱电流控制外呼线路的电源电压。

2）用于音频广播。范信达在1906年12月24日，首次把碳粒式麦克风作为放大器，应用于调频广播传送装置中，把声音调制成射频源。

3）在20世纪60年代，晶体管开始被淘汰。当时，一些大功率放大器或专业级的音频应用（如吉他放大器和高保真放大器）仍然会采用晶体管放大器电路。许多广播发射站也仍然使用真空管。

4）20世纪70年代开始，越来越多的晶体管被连接到一块芯片上来制作集成电路。如今大量商业上通行的放大器都是基于集成电路的。

一、任务描述

设计并制作一个晶体管单级放大器。以共发射极放大器为例，放大信号 u_i 由晶体管的基极输入，被放大后的信号 u_o 由集电极输出，基极与发射极构成输入回路，集电极与发射极构成输出回路，发射极是输入、输出回路的公共端。共发射极放大器既能放大信号的电压又能放大信号的电流，而且其输出信号与输入信号反相；输入电阻与输出电阻阻值适中，一般为几千欧，电压放大倍数一般为几十倍到几百倍，常被用作多级放大器的中间级。

二、任务目标

1. 素质目标

1）构建分析、设计共发射极放大电路的能力。
2）培养自主学习能力，形成严密的逻辑思维。
3）形成良好的工作作风和职业道德。

2. 知识目标

1）了解放大电路的主要功能及应用。
2）掌握晶体管放大电路的 3 种基本形式。
3）掌握共发射极放大电路的组成及各元件的作用。
4）熟悉晶体管的内部结构、分类、输入/输出特性。

3. 技能目标

1）能够根据任务描述设计共发射极放大电路。
2）能够正确选择晶体管类型并能检测其好坏。
3）制作完成电路的焊接与调试。
4）熟练使用示波器、信号发生器。

三、任务分析

放大电路是一种增加电信号幅度或功率的电子电路。应用放大电路来实现信号放大的装置称为放大器，它的核心是电子有源器件，如电子管、晶体管等。为了实现信号放大，必须给放大器提供能量。常用的能量是直流电源，但有的放大器也利用高频电源作为泵浦源。放大作用的实质是把电源的能量转移给输出信号。输入信号的作用是控制这种转移，使放大器输出信号的变化重复或反映输入信号的变化。现代电子系统中，电信号的产生、发送、接收、变换和处理，几乎都以放大电路为基础。

如今，使用最广的是以晶体管（双极型晶体管或场效应晶体管）放大电路为基础的集成放大器。大功率放大以及高频、微波的低噪声放大，常用的是分立晶体管放大器。高频和微波的大功率放大主要靠特殊类型的真空管，如磁控管、速调管、行波管以及正交场放大管等。

根据放大电路的作用可以将其分为电压放大电路、电流放大电路和功率放大电路。根据放大电路的组成元件可以将其分为晶体管放大电路和场效应管放大电路。

晶体管放大电路的基本形式有 3 种：共发射极放大电路，共基极放大电路和共集电极放大电路。场效应管放大电路基本形式有 2 种：共源放大电路，共漏放大电路。在构成多级放大器时，这几种电路常常需要相互组合来使用。

（一）共发射极放大电路

共发射极放大电路简称共射电路，其电路原理图如图 2-1 所示。输入端外接需要放大的信号源 u_i；输出端外接负载电阻 R_L。发射极为输入信号 u_i 和输出信号 u_o 的公共端。公共端通常称为"地"（实际上并非真正接到大地），其电位为 0，是电路中其他各点电位的参考点，用"⊥"表示。

1. 电路的组成及各元件的作用

1）晶体管为 NPN 管，具有放大功能，是放大电路的核心。

2）直流电源 V_{CC} 使晶体管工作在放大状态，V_{CC} 一般为几伏到几十伏。

3）基极偏置电阻 R_b 使发射结正向偏置，并向基极提供合适的基极电流（R_b 一般为几十千欧至几百千欧）。

4）集电极负载电阻 R_c 将集电极电流的变化转换成集－射极之间电压的变化，以实现电压的放大。R_c 的值一般为几千欧至几十千欧。

5）耦合电容 C_1、C_2 又称隔直电容，起通交流、隔直流的作用。C_1、C_2 一般为几微法至几十微法的电解电容器，在连接电路时，应注意电容的极性，不能接错。

2. 放大电路的静态分析

静态是指放大电路没有交流输入信号（$u_i=0$）时的直流工作状态。静态时，电路中只有直流电源 V_{CC} 作用，晶体管各极电流和极间电压都为直流值，此时电容 C_1、C_2 相当于开路，其等效电路原理图如图 2-2 所示，该电路称为静态直流通路。

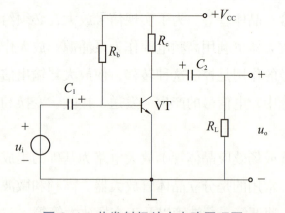

图 2-1　共发射极放大电路原理图

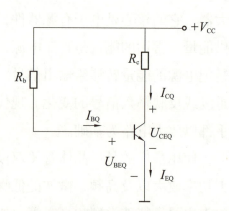

图 2-2　静态直流通路原理图

对放大电路进行静态分析的目的是合理设置电路的静态工作点（用 Q 表示），即静态时电路中的基极电流 I_{BQ}、集电极电流 I_{CQ} 和集－射间电压 U_{CEQ} 的值，防止放大电路在放大交流输入信号时产生非线性失真。

根据图 2-2 所示的静态直流通路，可求得晶体管的静态值 I_{BQ} 为

$$I_{BQ} = \frac{V_{CC} - U_{BEQ}}{R_b}$$

晶体管工作于放大状态时，发射结正偏，此时 U_{BEQ} 基本不变（硅管约为 0.7 V，锗管约为 0.3 V）。由于 U_{BEQ} 一般比 V_{CC} 小得多，因此，上式可写为

$$I_{BQ} \approx \frac{V_{CC}}{R_b}$$

因为晶体管具有电流放大能力，故有

$$I_{CQ} = \beta I_{BQ}$$
$$U_{CEQ} = V_{CC} - I_{CQ} R_c$$

例 2-1 已知图 2-2 中 V_{CC}=10 V，R_b=250 kΩ，R_C=3 kΩ，β=50，求放大电路的静态工作点 Q。

解：

$$I_{BQ} = \frac{10 - 0.7}{250} \text{ A} \approx 37.2 \text{ μA}$$

$$I_{CQ} = 50 \times 0.0372 \text{ mA} = 1.86 \text{ mA}$$

$$U_{CEQ} = 10 - 1.86 \times 3 = 4.42 \text{ V}$$

所以，Q=｛I_{BQ}=37.2 μA，I_{CQ}=1.86 mA，U_{CEQ}=4.42 V｝。

由此可见，共射放大电路的静态工作点是由基极偏置电阻 R_b 决定的。因此，通过调节基极偏置电阻 R_b 可以使放大电路获得一个合适的静态工作点。

3. 放大电路的动态分析

放大电路在有输入信号（$u_i \neq 0$）时的工作状态称为动态。动态时，在直流电压 V_{CC} 和输入交流电压信号 u_i 的共同作用下，电路中的电流和电压是由直流分量和交流分量的叠加而形成脉动直流信号。

说明：由于放大电路是交、直流共存的电路，因而其名称、图形符号较多。为了便于分析，将放大电路中规定的电流和电压的符号列于表 2-1 中。

表 2-1 放大电路中规定的电流和电压的符号

名称	直流量 （静态值）	交流量		总电流/ 总电压	关系式
		瞬时值	有效值		
基极电流	I_{BQ}	i_b	I_b	i_B	$i_B=I_{BQ}+i_b$
集电极电流	I_{CQ}	i_c	I_c	i_C	$i_C=I_{CQ}+i_c$
基-射间电压	U_{BEQ}	u_{be}	I_{be}	u_{BE}	$u_{BE}=U_{BEQ}+u_{be}$
集-射间电压	U_{CEQ}	u_{ce}	I_{ce}	u_{CE}	$u_{CE}=U_{CEQ}+u_{ce}$

动态时,为了分析交流信号的传输情况,通常需要先画出交流电流所流经的路径,即动态交流通路,如图 2-3 所示。此时,耦合电容 C_1、C_2 对交流的容抗很小,因而可视为短路;直流电源的内阻很小,交流通过时的电压降可忽略,因此直流电源也可视为短路。

4. 放大电路的性能指标

电压的放大倍数、输入电阻和输出电阻是放大电路的 3 个主要性能指标,分析这 3 个指标最常用的方法是微变等效电路法,这是一种在小信号放大条件下,将非线性的晶体管放大电路等效为线性电路进行分析的方法。

(1) 晶体管的微变等效电路

按共发射极方式连接的晶体管的微变等效电路原理图如图 2-4 所示。从输入端 B、E 来看,由于在小信号输入条件下,晶体管的输入特性近似为线性,u_{be} 和 i_b 成正比,因此 B、E 间可用电阻 r_{be} 来等效;从输出端 C、E 来看,集电极电流 $i_c=\beta i_b$,几乎与 u_{ce} 无关,因此可用受控恒流源 $i_c=\beta i_b$ 来等效。

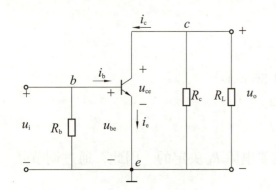

图 2-3 动态交流通路

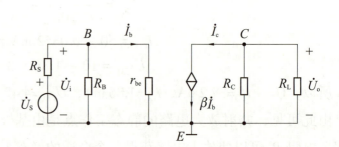

图 2-4 按共发射极方式连接的晶体管的微变等效电路原理图

r_{be} 称为晶体管的输入电阻,低频小功率管的输入电阻 r_{be} 可用下式估算:

$$r_{be} \approx 300 + (1+\beta)\frac{26}{I_E}$$

由上式可见,r_{be} 与静态工作电流 I_E 有关。当低频小功率管的静态工作电流 $I_E=1\sim2$ mA 时,r_{be} 约为 $1\ \text{k}\Omega$。

(2) 共射放大电路动态性能指标分析

电压放大倍数 A_u 是衡量放大电路放大能力的重要指标,共射放大电路的电压放大倍数为

$$A_u = \frac{\dot{U}_o}{\dot{U}_i} = -\beta \frac{R'_L}{r_{be}}$$

式中:A_u——电压放大倍数;

R'_L——交流负载等效电阻,$R'_L=R_C // R_L$,单位为 Ω。

共射放大电路的电压放大倍数一般较大,通常为几十倍至几百倍。上式中,负号表示输出电压与输入电压相位相反。

空载时，交流负载等效电阻 $R'_L=R_C$，因此，空载时电压放大倍数为

$$A_{uo} = -\beta \frac{R_C}{r_{be}}$$

由于 $R_C // R_L < R_C$，因此 $A_u < A_{uo}$，即放大电路接负载 R_L 后，其放大倍数下降。

输入电阻 R_i 是从放大电路输入端看进去的等效电阻。输入电阻越大，放大电路的实际输入电压就越接近于所接信号源的电压。

根据图 2-4 所示的电路可知，共射放大电路的输入电阻为

$$R_i = R_B // r_{be}$$

通常，R_B 为几百千欧，r_{be} 约为 1 kΩ，故 $R_B \gg r_{be}$，所以

$$R_i \approx r_{be}$$

可见，共射放大电路的输入电阻 R_i 较小，一般为几百欧至几千欧。

输出电阻 R_o 是从放大电路输出端看进去的等效电阻。输出电阻越小，放大电路接上负载后的输出电压下降越小，即放大电路的带负载能力越强。

共射放大电路的输出电阻 $R_o \approx R_C$。由于 R_C 一般为几千欧至几十千欧，因此共射放大电路的输出电阻 R_o 较大，即放大电路的带负载能力较差。

例 2-2 图 2-5 所示的基本放大电路中，已知 $V_{CC}=12$ V，$R_B=300$ kΩ，$R_C=3$ kΩ，$R_L=3$ kΩ，$R_S=3$ kΩ，$\beta=50$，试求：

1）R_L 接入和断开两种情况下，电路的电压放大倍数 $\dot{A}_u$；

2）输入电阻 R_i 和输出电阻 R_o；

3）输出端开路时的电源电压放大倍数 $\dot{A}_{us} = \dfrac{\dot{U}_o}{\dot{U}_S}$。

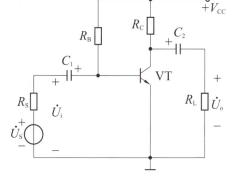

图 2-5 基本放大电路

解： 先求静态工作点，即

$$I_{BQ} = \frac{V_{CC} - U_{BEQ}}{R_B} \approx \frac{V_{CC}}{R_B} = \frac{12}{300} \text{ A} = 40 \text{ μA}$$

$$I_{CQ} = \beta I_{BQ} = 50 \times 0.04 \text{ mA} = 2 \text{ mA}$$

$$U_{CEQ} = V_{CC} - I_{CQ}R_C = (12 - 2 \times 3) \text{ V} = 6 \text{ V}$$

再求晶体管的动态输入电阻，即

$$r_{be} = 300 + (1+\beta)\frac{26(\text{mV})}{I_{E(\text{mA})}} = \left[300 + (1+50)\frac{26}{2}\right] \Omega = 963 \text{ } \Omega \approx 0.963 \text{ kΩ}$$

1）R_L 接入时，电路的电压放大倍数 $\dot{A}_u$ 为

$$\dot{A}_u = -\frac{\beta R'_L}{r_{be}} = -\frac{50 \times \dfrac{3 \times 3}{3+3}}{0.963} = -78$$

R_L 断开时，电路的电压放大倍数 $\dot{A}_u$ 为

$$\dot{A}_u = -\frac{\beta R_C}{r_{be}} = -\frac{50 \times 3}{0.963} = -156$$

2）输入电阻 R_i 为

$$R_i = R_B // r_{be} = 300 // 0.963 \, \Omega \approx 0.96 \, k\Omega$$

输出电阻 R_o 为

$$R_o = R_C = 3 \, k\Omega$$

3）电源电压放大倍数 $\dot{A}_{us}$ 为

$$\dot{A}_{us} = \frac{\dot{U}_o}{\dot{U}_S} = \frac{\dot{U}_i}{\dot{U}_S} \times \frac{\dot{U}_o}{\dot{U}_i} = \frac{R_i}{R_S + R_i} \dot{A}_u \approx \frac{1}{3+1} \times (-156) = -39$$

5. 放大电路非线性失真

实践表明，若静态工作点 Q 设置不当，则在放大电路中将会出现输出电压 u_o 和输入电压 u_i 波形不一致的现象，即非线性失真。图 2-6 为非线性失真波形图。

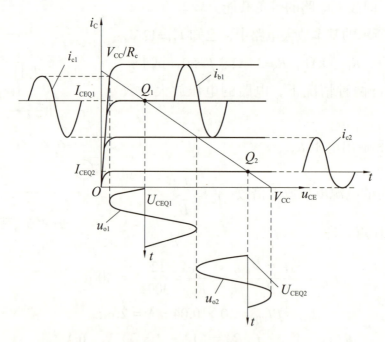

图 2-6 非线性失真波形图

（1）饱和失真

图 2-6 中，若静态工作点设置在 Q_1 点，则集电极电流 I_{CQ1} 过大，接近饱和区。当 i_{b1} 按正弦规律变化时，Q_1 点进入饱和区，造成 i_{c1} 的正半周和输出电压 u_{o1} 的负半周出现平顶畸变。这种由于晶体管进入饱和区工作而引起的失真称为饱和失真。通过增大基极偏置电阻 R_b，减小 I_{BQ1}，可将静态工作点适当下移，以消除饱和失真。

（2）截止失真

图 2-6 中，若静态工作点设置在 Q_2 点，则集电极电流 I_{CQ2} 太小，接近截止区。由图可见，此时 i_{c2} 的负半周和输出电压 u_{o2} 的正半周出现平顶畸变。这种由于晶体管进入截止区工作而引起的失真称为截止失真。通过减小基极偏置电阻 R_b，增大 I_{BQ2}，可将静态工作点适当上移，以消除截止失真。

（二）射极输出器

1. 电路结构

射极输出器的电路结构如图 2-7 所示，晶体管的集电极直接接电源 V_{CC}，发射极接射极电阻 R_o。对交流信号而言，基极是信号的输入端，发射极是输出端，集电极相当于接地，是输入、输出回路的公共端，故称为共集电极放大电路。由于信号从发射极输出，因此又称射极输出器。

2. 射极输出器的特点

根据实验测试以及图 2-8 所示的射极输出器仿真电路可知，射极输出器的输出电压与输入电压数值相近、相位相同，即输出信号跟随输入信号的变化而变化，这是射极输出器最显著的特点，因此又称其为射极跟随器。

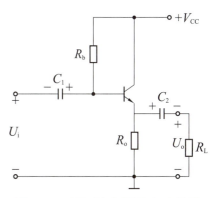

图 2-7　射极输出器的电路结构

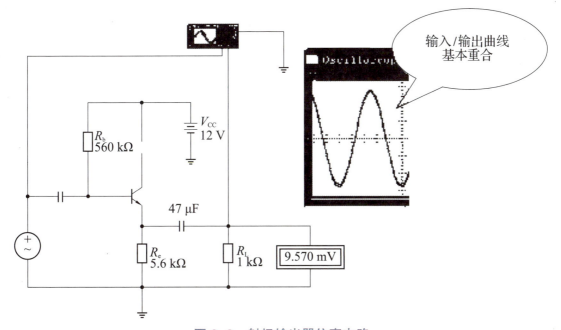

图 2-8　射极输出器仿真电路

此外，射极输出器还具有输入电阻大（可达几十千欧至几百千欧）、输出电阻小（一般为几欧至几百欧）的特点，因而在多级放大电路、电子测量仪器以及集成电路中得到广泛的应用。

（三）功率放大电路

1. 功率放大电路的基本概念

功率放大电路的任务是输出足够的功率，推动负载工作，如扬声器发声、继电器动作、电动机旋转等。功率放大电路和电压放大电路都是利用晶体管的放大作用将信号进行放大的，不同的是功率放大电路以输出足够的功率为目的，工作在大信号状态；而电压放大电路的目的是输出足够大的电压，工作在小信号状态。

功率放大电路应满足以下3点要求。

（1）输出功率足够大

为了获得较大的输出电压和电流，往往要求晶体管工作在极限状态。实际应用时，应考虑到晶体管的极限参数 P_{CM}、I_{CM} 和 $U_{(BR)CEO}$。

（2）效率高

所谓效率是指功率放大电路向负载输出的信号功率与直流电源提供的功率之比。功率放大电路在输出信号功率的同时，晶体管本身也发热产生损耗功率，称为管耗。显然，为了提高效率，应尽量减小晶体管的功耗。

（3）非线性失真小

功率放大电路在大信号的工作状态时，很容易产生非线性失真，因此需要采取措施，减小非线性失真。

2. 互补对称功率放大电路

（1）双电源互补对称功率放大电路

双电源互补对称功率放大电路简称OCL电路，电路结构如图2-9（a）所示。图中，正、负电源的绝对值相同。VT_1 和 VT_2 为参数特性对称一致的NPN型晶体管和PNP型晶体管，它们的基极连在一起作为输入端，发射极连在一起直接接负载电阻 R_L。显然，VT_1 和 VT_2 均为射极输出器接法。

1）静态工作分析。

由于 VT_1 和 VT_2 的基极都未加偏置电压，因此静态时都不导通，静态电流为0，工作在截止区，电源不供给功率。由于电路对称，因此发射极电位为0，负载上无电流。

2）动态工作分析。

设输入信号为正弦电压 u_i，其输入波形如图2-9（b）所示。在正半周时，VT_1 发射结正偏导通，VT_2 发射结反偏截止，由 $+V_{CC}$ 提供的电流 i_{c1} 经 VT_1 流向负载，在负载 R_L 上获得正半周输出电压 u_o。同理，在负半周时，VT_1 发射结反偏截止，VT_2 发射结正偏导通，

由 $-V_{EE}$ 提供的电流 i_{c2} 从 $-V_{EE}$ 经负载流向 VT_2，在 R_L 上获得负半周输出电压 u_o。可见，在 u_i 的整个周期内，VT_1 和 VT_2 轮流导通，相互补充，从而在 R_L 上得到完整的输出电压 u_o。

由于 VT_1 和 VT_2 均为射极输出器接法，因此 $u_o \approx u_i$，输出波形如图 2-9（c）所示。根据功率的定义，输出功率为

$$P_o = U_o I_o = \frac{1}{2} U_{om} I_{om} = \frac{1}{2} \frac{U_{om}^2}{R_L}$$

式中，U_{om} 为输出电压 u_o 的峰值。理想条件（不计晶体管饱和压降和穿透电流）下，当负载获得最大输出电压时，其峰值接近电源电压 $+V_{CC}$，故负载获得的最大输出功率 P_{om} 为

$$P_{om} \approx \frac{1}{2} \frac{V_{CC}^2}{2R_L}$$

此时，功率放大电路的效率达到最大，约为 78.5%。

可以证明，功率晶体管的最大管耗与最大输出功率 P_{om} 的关系为

$$P_{VT1} = P_{VT2} = 0.2 P_{om}$$

因此，在选择功率晶体管时，应满足以上条件。

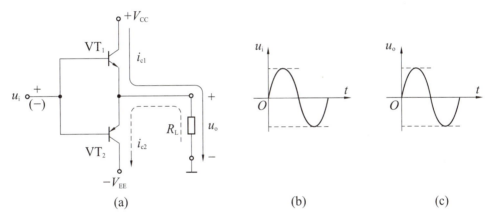

图 2-9 双电源互补对称功率放大电路
（a）电路结构；（b）输入波形；（c）输出波形

3）交越失真及其消除方法。

在上述电路中，VT_1 和 VT_2 的基极都未加偏置电压，静态时 $U_{BE}=0$。由于晶体管有一死区电压，当 u_i 小于死区电压时，两管均不导通，输出为 0，只有当 u_i 增加到大于死区电压时，晶体管才导通；因此，当输入正弦电压 u_i 时，在输出电压 u_o 的正负半周交接处出现失真，如图 2-10（a）所示，这种失真称为交越失真。

为了消除交越失真，必须在 VT_1 和 VT_2 的基极设置偏置电压。图 2-10（b）所示的消除交越失真的 OCL 电路中，利用两个二极管 VD_1 和 VD_2 的直流电压降，作为 VT_1 和 VT_2 的基极偏置电压，使 VT_1 和 VT_2 工作在微导通状态，既可消除交越失真，又不会产生过多的管耗。

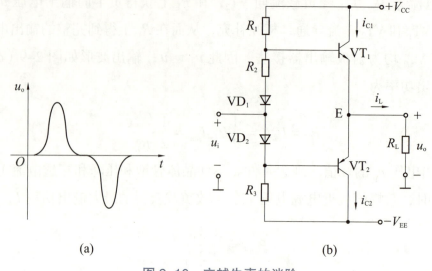

图 2-10 交越失真的消除
(a) 交越失真；(b) 消除交越失真的 OCL 电路

（2）单电源互补对称功率放大电路

单电源互补对称功率放大电路简称 OTL 电路，其原理图如图 2-11 所示。与 OCL 电路不同的是，OTL 电路为单电源供电，并且在它的发射极输出端接有一几百微法的大电容 C。VT_3 组成共射电压放大电路，作为功率输出级的推动级。

单电源互补对称功率放大电路实质上也是具有正、负电源的双电源互补对称功率放大电路。电容 C 上的电压起着直流负电源的作用，作为 VT_2 的直流供电电源。当 VT_1 导通时，$+V_{CC}$ 对 C 充电；当 VT_2 截止时，C 放电。为使充、放电过程中，电容电压保持不变，要求电容有足够大的电容量，否则将使输出电压 u_o 的正、负半周不对称，从而产生失真。

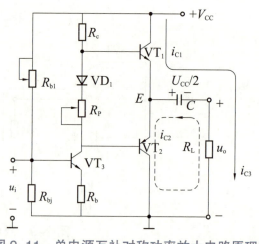

图 2-11 单电源互补对称功率放大电路原理图

可以证明，OTL 电路的最大输出功率为

$$P_{om} \approx \frac{1}{8} \frac{V_{CC}^2}{R_L}$$

3. 集成功率放大电路简介

集成功率放大电路是将功率放大电路中的各个元件及其连线制作在一块半导体芯片上的整体。它具有体积小、质量轻、可靠性高、使用方便等优点，因此在收录机、电视机及伺服放大电路中获得了广泛应用。图 2-12 为 LM386 音频集成功率放大器的管脚排列及典型应用电路原理图。

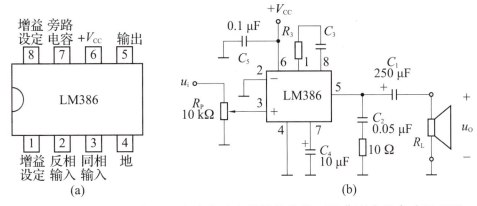

图 2-12　LM386 音频集成功率放大器的管脚排列及典型应用电路原理图
（a）管脚排列；（b）典型应用电路原理图

（四）多级放大电路

实际应用中，放大电路的输入信号都是很微弱的，一般为毫伏级或微伏级。为获得推动负载工作的足够大的电压和功率，需将输入信号放大成千上万倍。由于前述的单级放大电路的电压放大倍数通常只有几十倍，因此需要将多个单级放大电路连接起来，组成多级放大电路从而对输入信号进行连续放大。

1. 多级放大电路的组成

多级放大电路组成框图如图 2-13 所示。在多级放大电路中，输入级用于接收输入信号。为使输入信号尽量不受信号源内阻的影响，输入级应具有较高的输入电阻，因而常采用高输入电阻的放大电路，如射极输出器等。电压放大级用于小信号电压放大，要求有较高的电压放大倍数。功率放大级用以输出负载所需要的功率。

图 2-13　多级放大电路组成框图

2. 多级放大电路的级间耦合方式及特点

在多级放大电路中，级与级之间的连接方式称为耦合。级间耦合时应满足的要求是各级要有合适的静态工作点；信号能从前级顺利传送到后级；各级的技术指标能满足要求。

常见的耦合方式有阻容耦合、变压器耦合、直接耦合以及光电耦合等。

（1）阻容耦合

阻容耦合多级放大电路原理图如图 2-14

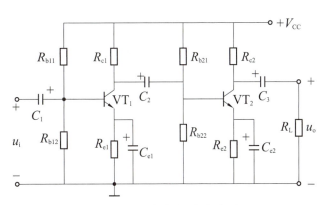

图 2-14　阻容耦合多级放大电路原理图

所示。图中，前级的输出电阻通过电容 C_2（称为耦合电容）与后级的输入电阻相连，因而称其为阻容耦合。

阻容耦合结构简单，价格低廉，在多级分立元件交流放大电路中获得了广泛应用。但阻容耦合多级放大电路不能放大直流和缓变信号，并且集成电路中制造大电容也比较困难，这使其应用又具有很大的局限性。

（2）变压器耦合

变压器耦合多级放大电路原理图如图 2-15 所示。图中，前级的输出端通过变压器与后级的输入端相连，因而称为变压器耦合。变压器耦合的最大特点是能够进行阻抗变换，实现负载与放大电路之间的阻抗匹配，使负载获得最大功率。

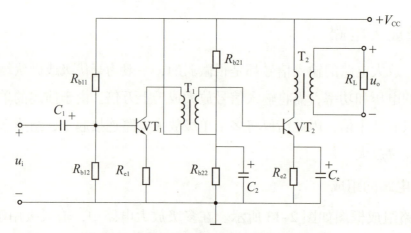

图 2-15　变压器耦合多级放大电路原理图

由于变压器具有体积大、笨重和频率特性差的缺点，且不能放大直流和缓变信号，因此应用较少。

（3）直接耦合

直接耦合多级放大电路原理图如图 2-16 所示。图中，前级的输出端直接与后级的输入端相连，因而称为直接耦合。

直接耦合的多级放大电路具有良好的频率特性，不但能放大交流信号，还能放大直流和缓变信号，所以又称直流放大电路。但由于前级与后级直接相连，因此需要解决的问题有：

1）静态工作点相互牵制可能导致的多级放大电路无法进行正常线性放大的问题；

2）零点漂移问题。

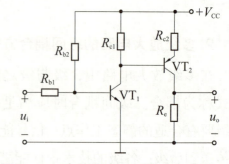

图 2-16　直接耦合多级放大电路原理图

由于直接耦合无电容、无变压器，因此在集成电路中得到广泛应用。

（4）光电耦合

光电耦合多级放大电路原理图如图 2-17 所示。图中，方框内是光耦合器，它由发光二极管和光电晶体管封装在同一管壳内组成。前级输出信号使发光二极管发光，光电晶体管接受光照后，产生光电流。光电流的大小随输入端信号的增加而增大。光电耦合器以光为媒介，实现电信号从前级向后级的传输，它的输入端和输出端在电气上绝缘，具有抗干扰、隔噪声等特点，已得到越来越广泛的应用。

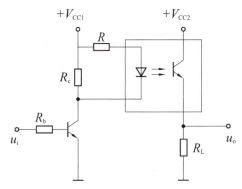

图 2-17 光电耦合多级放大电路原理图

晶体管是一种电流控制电流的半导体器件。其作用是把微弱的电信号放大成幅值较大的电信号，也用作无触点开关。晶体管是半导体基本元件之一，具有电流放大的作用，是电子电路的核心元件。

（一）晶体管的内部结构及分类

半导体二极管内部只有一个 PN 结，若在其 P 型半导体的旁边，再加上一块 N 型半导体，如图 2-18（a）所示，则构成两个 PN 结，且 N 型半导体和 P 型半导体交错排列形成 3 个区，分别称为发射区、基区和集电区。从 3 个区引出的引脚分别称为发射极、基极和集电极，用符号 e、b、c 来表示。处在发射区和基区交界处的 PN 结称为发射结；处在基区和集电区交界处的 PN 结称为集电结。具有这种结构特性的器件称为晶体管。

图 2-18（a）中晶体管的 3 个区分别由 NPN 型半导体材料组成。因此，这种结构的晶体管称为 NPN 型晶体管，图 2-18（c）是 NPN 型晶体管的图形符号，符号中箭头的指向表示发射结处在正向偏置时电流的流向。同理，也可以组成 PNP 型晶体管，其结构图及图形符号分别如图 2-18（b）、图 2-18（d）所示。

例如，电路中出现 ⤇ 符号时，因为该符号的箭头是由基极指向发射极的，所以电流是由基极流向发射极。由前述可知，当 PN 结处在正向偏置时，电流是由 P 型半导体流向 N 型半导体的，由此可得，该晶体管的基区是 P 型半导体，因为其他的两个区都是 N 型半导体，所以该晶体管为 NPN 型晶体管。

晶体管按材料可分为硅晶体管、锗晶体管；晶体管按导电类型可分为 PNP 晶体管型和 NPN 型晶体管，其中

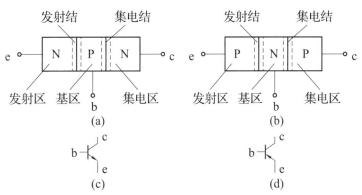

图 2-18 晶体管结构图及图形符号

（a）NPN 型晶体管结构图；（b）PNP 型晶体管结构图；
（c）NPN 型晶体管图形符号；（d）PNP 型晶体管图形符号

锗晶体管多为 PNP 型，硅晶体管多为 NPN 型；晶体管按工作频率可分为高频（$f/T>3$ MHz）、低频（$f/T<3$ MHz）和开关晶体管；晶体管按功率又可分为大功率（$P_{CM}>1$ W）晶体管、中功率（P_{CM} 在 0.5~1 W）晶体管和小功率（$P_{CM}<0.5$ W）晶体管。

（二）晶体管的特性

晶体管的伏安特性曲线是描述晶体管的各端电流与两个 PN 结的外加电压之间的关系的一种形式，其特点是能直观、全面地反映晶体管的电气性能的外部特性。图 2-19 是由晶体管组成的基本放大电路原理图。

晶体管为三端器件，在电路中如果要构成四端网络，那么它的每对端子均须有两个变量（端口电压和电流）。因此，如果要在平面坐标上表示晶体管的伏安特性，就必须采用两组伏安特性曲线。我们最常采用的是输入特性曲线和输出特性曲线。

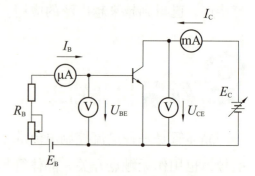

图 2-19　由晶体管组成的基本放大电路原理图

1. 输入特性曲线

输入特性是指在晶体管输入回路中，加在基极和发射极的电压 U_{BEQ} 与由它所产生的基极电流 I_{BQ} 之间的关系，如图 2-20（a）所示。

1）$U_{CEQ}=0$ 时，相当于集电极与发射极短路，此时 I_{BQ} 和 U_{BEQ} 的关系就是发射结和集电结两个正向二极管并联的伏安特性。因为此时 J_E 和 J_C 均正偏，所以 I_{BQ} 是发射区和集电区分别向基区扩散的电子电流之和。

2）$U_{CEQ} \geqslant 1$ V 时，即给集电结加上固定的反向电压，此时集电结的吸引力加强，使从发射区进入基区的电子绝大部分流向集电极从而形成 I_{CQ}。

同时，在相同的 U_{BEQ} 值条件下，流向基极的电流 I_{BQ} 减小，即特性曲线右移。总之，晶体管的输入特性曲线与二极管的正向特性曲线相似，因为 b、e 间是正向偏置的 PN 结（放大模式下）。

2. 输出特性曲线

输出特性通常是指在一定的基极电流 I_{BQ} 控制下，晶体管的集电极与发射极之间的电压 U_{CEQ} 同集电极电流 I_{CQ} 的关系。

图 2-20（b）为输出特性曲线，其是共射输出特性曲线，表示当以 I_{BQ} 为参变量时，I_{CQ} 和 U_{CEQ} 间的关系，即

$$I_{CQ}=f(U_{CEQ})\Big|_{I_{BQ}=\text{常数}}$$

实测的输出特性曲线中，根据外加电压的不同，可划分为 4 个区：放大区、截止区、饱和区、击穿区。

图 2-20（b）中，晶体管工作在放大模式下，$U_{BEQ} > 0.7\text{ V}$，$U_{BCQ} < 0$，此时输出特性曲线表现为近似水平的部分，且变化均匀，其特点如下：

1）I_{CQ} 的大小受 I_{BQ} 的控制，$\Delta I_{CQ} \gg \Delta I_{BQ}$；

2）随着 U_{CEQ} 的增加，曲线有些上翘。

此时，$\Delta I_{CQ} \gg \Delta I_{BQ}$，晶体管在放大区具有很强的电流放大作用。

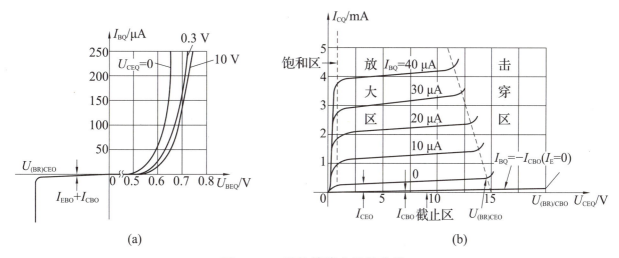

图 2-20　晶体管伏安特性曲线

（a）输入特性曲线；（b）输出特性曲线

综上所述，在放大区，$U_{BEQ} > 0.7\text{ V}$，$U_{BCQ} < 0$，J_e 正偏，J_{CQ} 反偏，I_{CQ} 随 I_{BQ} 的变化而变化，但与 U_{CEQ} 的大小基本无关。此时，$\Delta I_{CQ} \gg \Delta I_{BQ}$，具有很强的电流放大作用。

输出特性 3 个区域的特点如下。

1）放大区：发射结正偏，集电结反偏，即 $I_{CQ}=\beta I_{BQ}$，且 $\Delta I_{CQ}=\beta \Delta I_{BQ}$。

2）饱和区：发射结正偏，集电结正偏，即 $U_{CEQ}<U_{BEQ}$，$\beta I_{BQ}>I_{CQ}$，$U_{CEQ} \approx 0.3\text{ V}$。

3）截止区：发射结反偏，集电结反偏，即 $U_{BEQ}<$ 死区电压，$I_{BQ}=0$，$I_{CQ}=I_{CEO} \approx 0$。

（三）晶体管的管脚识别

1. 目测法

无论是 NPN 型或是 PNP 型晶体管，均包含发射区、基区和集电区，并相应地引出 3 个电极：发射极（e）、基极（b）和集电极（c）。同时，在 3 个区的两两交界处形成两个 PN 结，分别称为发射结和集电结。常用的半导体材料有硅和锗，因此共有 4 种晶体管类型。它们对应的型号分别为 3A（锗 PNP）、3B（锗 NPN）、3C（硅 PNP）、3D（硅 NPN）4 种系列。目测法辨别晶体管管脚如图 2-21 所示。

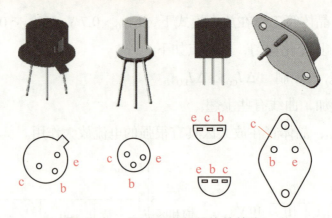

图 2-21 目测法辨别晶体管管脚

2. 测量法

（1）晶体管类型和基极 b 的判别

将万用表置于 $R\times 100$ 或 $R\times 1\text{k}$ 挡，用黑表笔碰触某一极，红表笔分别碰触另外两极，若两次测得的电阻都小（或都大），则黑表笔（或红表笔）所接管脚为基极且为 NPN 型（或 PNP 型）。

（2）发射极 e 和集电极 c 的判别

若已判明晶体管的基极和类型，则可任意假设另外两个电极为 e、c 端。判别 c、e 时，可按图 2-22 所示的晶体管集电极、发射极的检测方法进行。以 PNP 型晶体管为例，假设将万用表红表笔接 c 端，黑表笔接 e 端，用潮湿的手指捏住基极 b 端和假设的集电极 c 端，但两极不能相碰（潮湿的手指代替图中 $100\text{k}\Omega$ 的电阻 R）。再将假设的 c、e 两极互换，重复上述步骤，比较两次测得的电阻大小。测得电阻小的那次，红表笔所接的管脚是集电极 c，另一端是发射极 e。

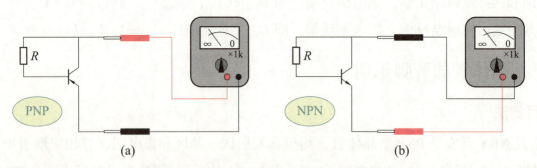

图 2-22 晶体管集电极、发射极的检测方法
（a）PNP 型辨别集电极、发射极；（b）NPN 型辨别集电极、发射极

（四）晶体管的主要参数

晶体管的参数反映了晶体管各种性能指标，是分析晶体管电路和选用晶体管的依据。

1. 电流放大系数

1）共射极直流电流放大系数 $\bar{\beta}$：表示晶体管在共射极连接时，某工作点处的直流电流

I_{CQ} 与 I_{BQ} 的比值，当忽略 I_{CBO} 时，$\bar{\beta} \approx \dfrac{I_{CQ}}{I_{BQ}}$。

2）共射极交流电流放大系数 β：表示晶体管在共射极连接且 U_{CEQ} 恒定时，集电极电流变化量 ΔI_{CQ} 与基极电流变化量 ΔI_{BQ} 的比值，即

$$\beta = \left.\dfrac{\Delta I_{CQ}}{\Delta I_{BQ}}\right|_{U_{CEQ}}$$

3）晶体管 β 值太小时，其放大作用差；β 值太大时，其工作性能不稳定。因此，一般选 β 为 30~80 的晶体管。

2. 集–基反向饱和电流 I_{CBO}

I_{CBO} 是指发射极开路，在集电极与基极之间加上一定的反向电压时所对应的反向电流。它是少数载流子的漂移电流。在一定温度下，I_{CBO} 是一个常量。随着温度的升高，I_{CBO} 将增大，它是晶体管工作不稳定的主要因素。在相同环境温度下，硅晶体管的 I_{CBO} 比锗晶体管的 I_{CBO} 小得多。

3. 穿透电流 I_{CEO}

I_{CEO} 是指基极开路，集电极与发射极之间加一反向电压时的集电极电流。I_{CEO} 与 I_{CBO} 的关系为

$$I_{CEO} = I_{CBO} + \bar{\beta} I_{CBO} = (1+\bar{\beta}) I_{CBO}$$

因此该电流好像从集电极直通发射极一样，故称其为穿透电流。I_{CEO} 和 I_{CBO} 一样，都是衡量晶体管热稳定性的重要参数。

4. 最大允许集电极耗散功率 P_{CM}

P_{CM} 是指晶体管集电结受热而引起其参数的变化，但不超过所规定的允许值时，集电极耗散的最大功率。当实际功耗 $P_C > P_{CM}$ 时，不仅使晶体管的参数发生变化，甚至还会烧坏晶体管。P_{CM} 的计算公式为

$$P_{CM} = I_{CQ} U_{CEQ}$$

当已知晶体管的 P_{CM} 时，利用上式可以在输出特性曲线上画出 P_{CM} 曲线。

5. 最大允许集电极电流 I_{CM}

当 I_{CQ} 很大时，β 值逐渐下降。一般规定在 β 值下降到额定值的 2/3（或 1/2）时所对应的集电极电流为 I_{CM}。当 $I_{CQ} > I_{CM}$ 时，β 值已减小到不实用的程度，且有烧毁晶体管的可能。

6. 反向击穿电压 $U_{(BR)CEO}$ 与 $U_{(BR)CBO}$

$U_{(BR)CEO}$ 是指基极开路时，集电极与发射极间的反向击穿电压。

$U_{(BR)CBO}$ 是指发射极开路时，集电极与基极间的反向击穿电压。

晶体管的反向工作电压应小于击穿电压的 1/2~1/3，以保证晶体管的安全可靠地工作。晶体管的 3 个极限参数 P_{CM}、I_{CM}、$U_{(BR)CEO}$ 和前面讲的临界饱和线、截止线所包围的区域，便是晶体管安全工作的线性放大区。一般作放大用的晶体管，均须工作于此区。

五、任务实施

（一）制作（焊接）电路

1. 项目内容

制作一个晶体管共射极单级放大器，原理图如图 2-23 所示。

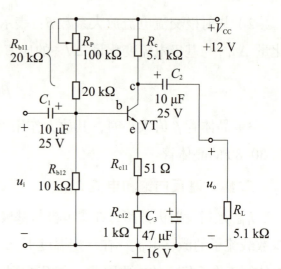

图 2-23　晶体管共射极单级放大器原理图

2. 工具、器材及设备

电烙铁、烙铁架、焊锡、松香、镊子、尖嘴钳、斜口钳、示波器、数字万用表、函数发生器。

3. 元件清单

晶体管共射极单级放大器元件清单如表 2-2 所示。

表 2-2　晶体管共射极单级放大器元件清单

元件名称	型号、规格	数量	备注
晶体管	9013	1个	
输出电阻	5.1 kΩ	1个	
电解电容	10 μF/25 V	2个	
电解电容	47 μF/16 V	1个	
电阻	20 kΩ、10 kΩ	2个	
电阻	51 Ω、1 kΩ	2个	
电阻	5.1 kΩ	1个	
滑动电阻 R_P	100 kΩ	1个	

4. 焊接电路

请根据图 2-23 自行完成。

（二）调试电路

1）根据最终原理图焊接出电路实物。

2）进行电路实物的测量与调试。

3）实验记录和调试。

（三）记录输出结果、撰写总结报告

1）记录输出结果。

①当输入信号幅值为 U_{pp}=240 mV 时，观察输出电压随输入信号频率变化的情况，并填写在表 2-3 中。

表 2-3　输出信号频率变化表

F/Hz	20	60	100	120	200	300	600	700	900
U_{pp}/V									

②当输入信号频率为 1 kHz 时，改变输入信号的电压幅值，观察输出电压失真情况，并填写在表 2-4 中。

表 2-4　输出电压记录表

$U_{i\text{-}pp}$/mV	50	80	110	140	170	200	230
$U_{o\text{-}pp}$/V							

2）撰写项目总结报告。

六、任务评价

对本任务的知识掌握与技能运用情况进行测评，完成表 2-5。

表 2-5　任务测评表

测评项目	测评内容	自我评价	教师评价
基本素养 （30 分）	无迟到、无早退、无旷课（10 分）		
	团结协作能力、沟通能力（10 分）		
	安全规范操作（10 分）		
知识掌握与 技能运用 （70 分）	正确说出晶体管放大电路的 3 种基本形式（10 分）		
	正确说出共射极放大电路的组成及各元件的作用（10 分）		
	正确说出晶体管的分类及输入/输出特性（10 分）		
	正确画出共射极放大电路原理图（10 分）		
	正确制作完成共射极放大电路，并调试出相应波形（20 分）		
	正确使用实训室的示波器、信号发生器（10 分）		
综合评价			

七、任务扩展

（一）实验目的

1）了解并掌握交替闪烁灯的工作原理。
2）熟悉各元件的参数及其功能。

（二）实验内容

制作并实现 2 路交替闪烁灯。

（三）实验原理及实验电路说明

交替闪烁灯电路原理图如图 2-24 所示。当电源一接通，两只晶体管就要争先导通，但由于元件有差异，只有某一只晶体管最先导通。假如 VT_1 最先导通，那么 VT_1 的集电极电压下降，LED1（VD1）被点亮，电容 C_2 的左端接近零电压，由于电容两端的电压不能突变，所以 VT_2 的基极也被拉到近似零电压，使 VT_2 截止，LED2（VD2）不亮。随着电源通过电阻 R_3 对 C_2 进行充电，VT_2 的基极电压逐渐升高，当超过 0.6 V 时，VT_2 由截止状态变为导通状态，其集电极电压下降，LED2 被点亮。与此同时，VT_2 集电极电压的下降通过电容 C_2 的作用使 VT_1 的基极电压也下降，VT_1 由导通状态变为截止状态，LED1 熄灭。如此循环，电路中两只晶体管便轮流导通和截止，于是两只发光二极管就不停地循环发光。改变电容的容量可以改变 LED 循环的速度。

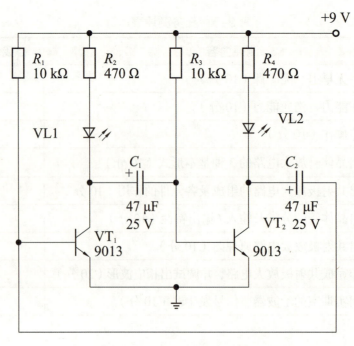

图 2-24 交替闪烁灯电路原理图

（四）实验设备及所需元件

交替闪烁灯元件清单如表 2-6 所示。

表 2-6　交替闪烁灯元件清单

元件名称	型号、规格	数量	备注
晶体管	9013	2 个	
发光二极管	红发红	2 个	
电解电容	47 μF/25 V	2 个	
电阻	10 kΩ、470 Ω	各 2 个	
导线		若干	

（五）实验步骤

1）根据表 2-6 选择元件。

2）按图 2-24 焊接好电路，其实物图如图 2-25 所示。注意：在连接电路的时候，要严格按照电路原理图进行连接，注意电烙铁与电路板接触的时间，不要烧坏电路板。

3）调试电路。

4）记录输出结果。

图 2-25　交替闪烁灯实物图

（六）实验报告要求

1）总结电路调试方法。

2）撰写实验报告。

任务三 集成运算放大器的设计与制作

在半导体制造工艺的基础上，把整个电路中的元件制作在一块硅基片上，构成具有特定功能的电子电路，称为集成电路。

集成电路具有体积小、质量轻、引出线和焊接点少、使用寿命长、可靠性高、性能好等优点，同时成本低，便于大规模生产，因此其发展速度极快。目前，集成电路的应用几乎遍及所有产业的各种产品中，如军事设备、工业设备、通信设备、计算机和家用电器等都采用了集成电路。

集成电路按其功能来分，有数字集成电路和模拟集成电路。其中，模拟集成电路种类繁多，有运算放大器、宽频带放大器、功率放大器、模拟乘法器、模拟锁相环、模/数和数/模转换器、稳压电源和音像设备中常用的其他模拟集成电路等。

在模拟集成电路中，集成运算放大器（简称集成运放）是应用极为广泛的一种，也是其他各类模拟集成电路应用的基础。

一、任务描述

设计并制作 4 个集成运算放大器，分别为反相比例运算放大器、同相比例运算放大器、加法运算器、减法运算器。其中，反相比例运算放大器的电压信号通过电阻 R_1 加至运放的反相输入端，输出电压 u_o 通过反馈电阻 R_f 反馈到运放的反相输入端，构成电压并联负反馈放大电路；同相比例运算放大器的电压信号通过电阻 R_s 加到运放的同相输入端，输出电压 u_o 通过电阻 R_1 和 R_f 反馈到运放的反相输入端，构成电压串联负反馈放大电路；加法运算器的多个输入电压同时作用于运放的反相输入端或同相输入端，从而实现加法运算；减法运算器的多个输入电压有的作用于反相输入端，有的作用于同相输入端，从而实现减法运算。

二、任务目标

1. 素质目标

1）构建分析、设计集成运算放大器的能力。

2）树立认真、仔细、实事求是的科学态度。

3）养成爱岗敬业、团结协作的工作精神。

2. 知识目标

1）了解集成运算放大器的特点及常见的专用型运放种类。

2）掌握集成运算放大器的组成结构及各部分的作用。

3）理解差动放大电路的组成及工作原理。

4）掌握同向、反相比例运算放大器的工作原理。

5）掌握加法器、减法器、微分器、积分器的电路原理。

3. 技能目标

1）能够根据任务描述设计相应的集成运算放大器电路。

2）能够正确选择制作每种集成运算放大器所需要的元件。

3）能够完成电路的焊接与调试。

4）能够熟练使用常用的几种专用型集成运算放大器。

三、任务分析

1. 集成运算放大器概述

集成运算放大器（简称集成运放）是模拟集成电路中应用最为广泛的一种高增益、高输入电阻和低输出电阻的多级直接耦合放大器。之所以被称为运算放大器，是因为该器件最初主要用于模拟计算机中实现数值运算。实际上，目前集成运放的应用早已超出了模拟运算的范围，但仍沿用了运算放大器的名称。

集成运放的发展十分迅速。其通用型产品经历了四代更替，各项技术指标不断改进，同时，发展了适应特殊需要的各种专用型集成运放。

第一代集成运放以 μA709（我国的 FC3）为代表，特点是采用了微电流的恒流源、共模负反馈等电路，其性能指标比一般的分立元件要好；主要缺点是内部缺乏过电流保护，输出短路，容易损坏。

第二代集成运放以 20 世纪 60 年代的 μA741 型高增益运放为代表，其特点是普遍采用了有源负载，因而在不增加放大级的情况下可获得很高的开环增益；其电路中还有过流保护措施，但是输入失调参数和共模抑制比指标不理想。

第三代集成运放以20世纪70年代的AD508为代表，其特点是输入级采用了"超β管"，且工作电流很低，从而使输入失调电流和温漂等项参数值大大下降。

第四代集成运放以20世纪80年代的HA2900为代表，其特点是制造工艺达到大规模集成电路的水平。它将场效应管和双极型管兼容在同一块硅片上，输入级采用MOS场效应管，输入电阻达100 MΩ以上，而且采取调制和解调措施，成为自稳零运算放大器，使失调电压和温漂进一步降低，一般无须调零即可使用。

目前，集成运放和其他模拟集成电路正向高速、高压、低功耗、低零漂、低噪声、大功率、大规模集成、专业化等方向发展。

除了通用型集成运放外，在有些特殊需要的场合要求使用某一特定指标相对比较突出的运放，即专用型运放。常见的专用型运放有高速型、高阻型、低漂移型、低功耗型、高压型、大功率型、高精度型、跨导型、低噪声型等。

2. 模拟集成电路的特点

由于受制造工艺的限制，模拟集成电路与分立元件电路相比具有如下3个特点。

（1）采用有源器件

由于制造工艺的原因，在集成电路中制造有源器件比制造大电阻容易实现，因此由大电阻构成的多用有源器件使用恒流源电路代替，以获得稳定的偏置电流。多极结型晶体管比二极管更易制作，一般用集－基短路的BJT代替二极管。

（2）采用直接耦合作为级间耦合方式

由于集成工艺不易制造大电容，集成电路中的电容量一般不超过100 pF，至于电感，只能限于极小的数值（1 mH以下）；因此，在集成电路中，级间不能采用阻容耦合方式，只能采用直接耦合方式。

（3）采用多管复合或组合电路

集成电路制造工艺的特点是晶体管特别是多极结型晶体管或场效应晶体管最容易制作，而复合和组合结构的电路性能较好。因此，在集成电路中多采用复合管（一般为两管复合）和组合（共射－共基、共集－共基组合等）电路。

（一）集成运放的基本组成及主要参数

1. 集成运放的基本组成

集成运放的类型有很多，电路也不尽相同，但其结构具有共同之处，集成运放的组成框图如图3-1所示，它主要由输入级、中间级和输出级和偏置电路4个主要环节组成。输入级主要由差动放大电路构成，以减小运放的零漂和提高其他方面的性能，它的两个输入端分别构成整个电路的同相输入端和反相输入端。中间级的主要作用是获得较高的电压增益，一般由一级或多级放大器构成。输出级一般由电压跟随器（电压缓冲放大器）或互补电压跟随器组成，以降低输出电阻，提高运放的带负载能力和输出功率。偏置电路为各级提供合适的工作点及能源。此外，为使电路性能获得优化，集成运放内部还增加了一些辅助环节，如电平移动电路、过载保护电路和频率补偿电路等。

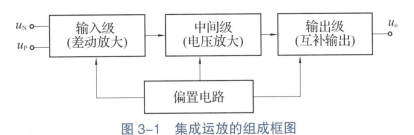

图 3-1　集成运放的组成框图

集成运放的图形符号如图 3-2 所示（省略了电源端、调零端等）。集成运放有两个输入端和一个输出端，两个输入端分别称为同相输入端 u_P 和反相输入端 u_N 以及一个输出端 u_o。在实际应用时，需要了解集成运放外部各引出端的功能及相应的接法，但一般不需要画出其内部电路。

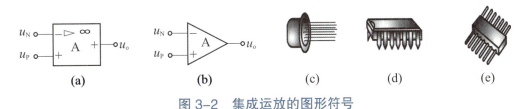

图 3-2　集成运放的图形符号
（a）国际符号；（b）惯用符号；（c）圆壳式；（d）双列直插式；（e）扁平式

2. 集成运放的主要参数

集成运放参数的正确、合理选择是使用运放的基本依据，因此，了解其各性能参数及意义是十分必要的。集成运放的主要参数有以下 4 种。

（1）开环差模电压增益 A_{od}

开环差模电压增益是指运放在开环、线性放大区并在规定的测试负载和输出电压幅度的条件下的直流差模电压增益（绝对值）。一般运放的 A_{od} 为 60~120 dB，性能较好的运放的 $A_{od}>140$ dB。

值得注意的是，一般希望 A_{od} 越大越好，而实际的 A_{od} 与工作频率有关，当频率大于一定值后，A_{od} 随频率升高而迅速下降。

（2）温度漂移

放大器零点漂移的主要原因是温度漂移，而温度漂移对其输出的影响可以折合为等效输入失调电压 U_{IO} 和输入失调电流 I_{IO}。因此，可以用下述指标来表示放大器的温度稳定性即温漂指标。

在规定的温度范围内，放大器输入失调电压的变化量 ΔU_{IO} 与引起 U_{IO} 变化的温度变化量 ΔT 的比值，称为输入失调电压/温度系数（$\Delta U_{IO}/\Delta T$）。其比值越小越好，一般为 $\pm(10\sim20)$ μV/℃。

（3）最大差模输入电压 $U_{id,\,max}$

最大差模输入电压是指集成运放的两个输入端之间所允许的最大输入电压值。若最大输入电压超过该值，则可能使运放输入级 BJT 的其中一个发射结产生反向击穿。显然，$U_{id,\,max}$ 还是大一些好，一般为几到几十伏。

（4）最大共模输入电压 $U_{ic,\,max}$

最大共模输入电压是指集成运放输入端所允许的最大共模输入电压。若共模输入电压超过该值，则可能造成运放工作不正常，其共模抑制比 K_{CMR} 将明显下降。显然，$U_{ic,\,max}$ 还是大一些好，高质量运放最大共模输入电压可达十几伏。

（二）集成运放的线性应用

集成运放应用十分广泛，电路的接法不同，集成运放电路所处的工作状态也不同，从而呈现出不同的特点。因此，可以把集成运放的应用分为两类，即线性应用和非线性应用。

在集成运放的线性应用电路中，集成运放与外部电阻、电容和半导体器件等一起构成深度负反馈电路或兼有正反馈而以负反馈为主的电路。此时，集成运放本身处于线性工作状态，即其输出量和净输入量呈线性关系，但整个应用电路的输出和输入也可能是非线性关系。

需要说明的是，在实际的电路设计或分析过程中常把集成运放理想化。理想的运放具有以下 4 个理想参数：

1）开环电压增益 $A_{od} \to \infty$；

2）差模输入电阻 $r_{id} \to \infty$；

3）输出电阻 $r_{od}=0$；

4）共模抑制比 $K_{CMR} \to \infty$，即没有温度漂移。

在一定的工作参数和运算精度要求范围内，采用理想运放进行设计或分析的结果与实际情况相差很小，其误差可以忽略，因此大大简化了设计或分析过程。

集成运放实际是一种高增益的电压放大器，其电压增益可达 $10^4 \sim 10^6$ 以上；其输入阻抗很高，BJT 型运放达几百千欧以上，MOS 型运放则更高；其输出电阻较小，一般在几十欧，并具有一定的输出电流驱动能力，最大可达几十到几百毫安。

由于集成运放的开环电压增益很高，且通频带很低（几到几百赫兹，宽带高速运放除外），因此当集成运放工作在线性放大状态时，均引入外部负反馈，且通常为深度负反馈。由前面关于深度负反馈放大器计算的讨论可知，运放两个输入端之间的实际输入（净输入）电压可以近似看成 0，相当于短路，即

$$u_P = u_N$$

但由于两输入端之间不是真正的短路，故称为"虚短"。

另外，由于集成运放的输入电阻很高，而净输入电压又近似为 0，因此流经运放两输入端的电流可以近似看成 0，相当于开路，即

$$i_{IN} = i_{IP} = 0（以后 i_{IN} 和 i_{IP} 都用 i_I 表示，i_I = 0）$$

但由于两输入端间不是真正的开路，故称为"虚断"。利用"虚短"和"虚断"的概念，可以十分方便地对集成运放的线性应用电路进行快速、简捷地分析。

集成运放的线性应用主要有模拟信号的产生、运算、放大、滤波等。下面首先从集成运放的基本运算电路进行介绍。

1. 比例运算电路

比例运算电路是运算电路中最简单的电路，其输出电压与输入电压成比例关系。比例运算电路有反相输入和同相输入两种。

（1）反相输入比例运算电路

图 3-3 为反相输入比例运算电路原理图，该电路输入信号加在反相输入端上，输出电压与输入电压的相位相反。在实际电路中，同相端必须加接平衡电阻 R_P，并使之接地。R_P 的作用是保持运放输入级差分放大电路具有良好的对称性，减小温漂，提高运算精度，其阻值应为 $R_P = R_1 // R_f$。后面所讲电路同理。

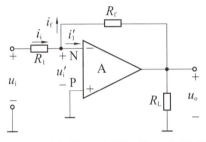

图 3-3 反相输入比例运算电路原理图

由于运放工作在线性区，故其净输入电压和净输入电流都为 0。

由"虚短"的概念可知，在 P 端接地时，$u_P = u_N = 0$，称 N 端为"虚地"。

由"虚断"的概念可知 $i_i = i_f$，从而有

$$\frac{u_i}{R_1} = \frac{-u_o}{R_f}$$

该电路的电压增益为

$$A_{uf} = \frac{u_o}{u_i} = -\frac{R_f}{R_1}$$

即

$$u_o = -\frac{R_f}{R_1} u_i$$

由此可知，输出电压 u_o 与输入电压 u_i 之间成比例（负值）关系。

该电路引入了电压并联深度负反馈，电路输入阻抗（为 R_1）较小，但由于出现"虚地"，放大电路不存在共模信号，对运放的共模抑制比要求也不高，因此该电路的应用场合较多。

值得注意的是，虽然电压增益只和 R_f 与 R_1 的比值有关，但是电路中电阻 R_1、R_P、R_f 的取值应有一定的范围。运算放大器的输出电流一般为几十毫安，若 R_1、R_P、R_f 的取值太小（几欧姆）的话，则其输出电压最大只有几百毫伏；若 R_1、R_P、R_f 的取值太大，虽然能满足输出电压的要求，但同时又会带来饱和失真和电阻热噪声的问题。通常取 R_1 的值为几百欧姆至几千欧姆，取 R_f 的值为几千欧姆至几百千欧姆。后面所讲电路同理。

（2）同相输入比例运算电路

图 3-4 为同相输入比例运算电路原理图，输入信号加在同相输入端，输出电压和输入电压的相位相同。

由"虚断"的概念可知 $i_{IP}=i_{IN}=0$，由"虚短"的概念可知 $u_i=u_P=u_N$，即

$$u_o = u_f + u_N = u_f + u_i$$

其电压增益为

$$A_{uf} = \frac{u_o}{u_i} = 1 + \frac{R_f}{R_1}$$

即

$$u_o = \left(1 + \frac{R_f}{R_1}\right)u_i$$

同相输入比例运算电路为电压串联负反馈电路，其输入阻抗极高。但由于两个输入端均不能接地，且放大电路中存在共模信号，故不允许输入信号中包含较大的共模电压，并对运放的共模抑制比要求较高，否则很难保证运算精度。

同相输入比例运算电路中，若 R_1 不接，或 R_f 短路，则组成图 3-5 所示的电压跟随器电路。此电路是同相比例运算的特殊情况，此时的同相比例运算电路称为电压跟随器。电路的输出完全跟随输入变化；$u_i=u_P=u_N=u_o$，$A_{uf}=1$，具有输入阻抗大，输出阻抗小的特点；在电路中的作用与分立元件的射极输出器相同，但是其电压跟随性能好；常用于多级放大器的输入级和输出级。

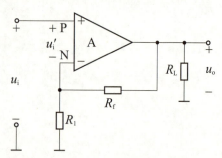

图 3-4 同相输入比例运算电路原理图

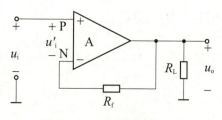

图 3-5 电压跟随器电路

2. 加法电路

若多个输入电压同时作用于运放的反相输入端或同相输入端，则实现加法运算；若多个输入电压有的作用于反相输入端，有的作用于同相输入端，则实现减法运算。

图 3-6 为加法电路原理图，该电路可实现两个电压（u_{s1}、u_{s2}）相加。输入信号从反相端输入，同相端"虚地"，则有 $u_P=u_N=0$；又由"虚断"的概念可知 $i_1=0$。

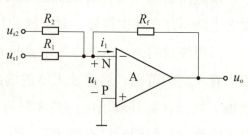

图 3-6 加法电路原理图

因此，在反相输入节点 N 处可得节点电流方程为

$$\frac{u_{s1} - u_N}{R_1} + \frac{u_{s2} - u_N}{R_2} = \frac{u_N - u_o}{R_f}$$

即

$$\frac{u_{s1}}{R_1} + \frac{u_{s2}}{R_2} = \frac{-u_o}{R_f}$$

整理可得

$$u_o = -\left(\frac{R_f}{R_1}u_{s1} + \frac{R_f}{R_2}u_{s2}\right)$$

若 $R_1=R_2=R_f$，则上式变为

$$u_o = -(u_{s1}+u_{s2})$$

因此，实现了真正意义的反相求和。

加法电路也可以扩展到实现多个输入电压相加的电路。利用同相放大电路也可以组成加法电路。

3. 减法电路

（1）减法电路（一）

减法电路原理图（一）如图 3-7 所示，第一级为反相比例放大电路，设 $R_{f1}=R_1$，则 $u_{o1}=-u_{s1}$。第二级为反相加法电路。

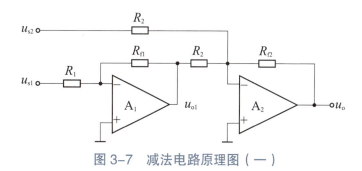

图 3-7　减法电路原理图（一）

从而可推导出

$$u_o = -\frac{R_{f2}}{R_2}(u_{o1} + u_{s2})$$

即

$$u_o = \frac{R_{f2}}{R_2}(u_{s1} - u_{s2})$$

若 $R_2=R_{f2}$，则上式变为

$$u_o=u_{s1}-u_{s2}$$

因此，实现了两个信号 u_{s1} 与 u_{s2} 的相减。

此电路的优点是调节比较灵活方便。由于反相输入端与同相输入端"虚地"，因此在选用集成运放时，对其最大共模输入电压的指标要求不高，此电路应用比较广泛。

（2）减法电路（二）

减法电路原理图（二）如图 3-8 所示，该电路

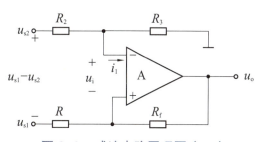

图 3-8　减法电路原理图（二）

是反相输入和同相输入相结合的放大电路。

根据"虚短"和"虚断"的概念可知 $u_P=u_N$，$u_i=0$，$i_1=0$，并可得下列方程式：

$$\frac{u_{s1}-u_N}{R}=\frac{u_N-u_o}{R_f}$$

$$\frac{u_{s2}-u_P}{R_2}=\frac{u_P}{R_3}$$

利用 $u_N=u_P$，并联解式可得

$$u_o=\left(\frac{R+R_f}{R}\right)\left(\frac{R_3}{R_2+R_3}\right)u_{s2}-\frac{R_f}{R}u_{s1}$$

在上式中，若满足 $R_f/R=R_3/R_2$，则该式可简化为

$$u_o=\frac{R_f}{R}(u_{s2}-u_{s1})$$

当 $R_f=R$ 时，有

$$u_o=u_{s2}-u_{s1}$$

上式表明，输出电压 u_o 与两输入电压之差（$u_{s2}-u_{s1}$）成比例，因此实现了两信号 u_{s2} 与 u_{s1} 的相减。

从原理上说，求和电路也可以采用双端输入（或称差动输入）方式，此时只用一个集成运放即可同时实现加法和减法运算。但由于电路系数的调整非常麻烦，所以实际上很少采用。如需同时进行加法、减法，通常多用一个集成运放，并采用反相求和电路的结构形式。

4. 积分电路

在电子电路中，常用积分运算电路和微分运算电路作为调节环节。此外，积分运算电路还用于延时、定时和非正弦波发生电路中。积分电路有简单积分电路、同相积分电路、求和积分电路等。

简单积分电路原理图如图3-9所示。反相比例运算电路中的反馈电阻由电容所取代，从而构成了积分电路。

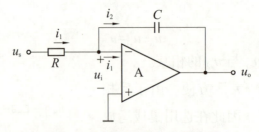

图3-9 简单积分电路原理图

利用积分运算电路能够将输入的正弦电压变换为输出的余弦电压，从而实现波形的移相；将输入的方波电压变换为输出的三角波电压，从而实现波形的变换。其对低频信号增益大，对高频信号增益小。当信号频率趋于∞时增益为0，从而实现滤波功能。

5. 微分电路

微分是积分的逆运算。将图 3-9 中积分电路的电阻和电容元件互换位置，即构成微分电路，其原理图如图 3-10 所示。微分电路选取相对较小的时间常数 RC，即

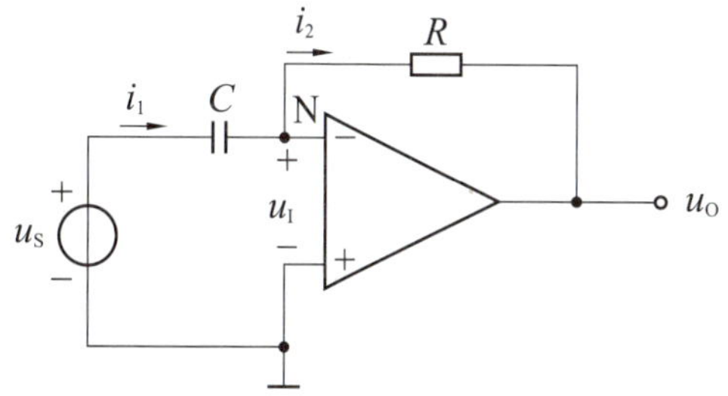

$$u_o = -i_2 R = -RC \frac{du_s}{dt}$$

图 3-10 微分电路原理图

上式表明，输出电压与输入电压的关系满足微分运算的要求。因为微分电路对高频噪声和突然出现的干扰（如雷电）等非常敏感，故其应用受到限制。

（三）集成运放的非线性应用

在集成运放的非线性应用电路中，运放一般工作在开环或仅正反馈状态，此时运放的增益很高，在非负反馈状态下，其线性区的工作状态是极不稳定的，因此它主要工作在非线性区。实际上，这正是非线性应用电路所需要的工作区。电压比较电路是用来比较两个电压大小的电路，常应用于自动控制、越限报警、波形变换等。

由集成运放所构成的比较电路，其主要特点是运放工作于非线性状态。开环工作时，由于其开环电压放大倍数很高，因此在两个输入端之间存在微小的电压差异时，其输出电压就偏向于饱和值；当运放电路引入适时的正反馈时，更加速了输出状态的变化，即输出电压不是处于正饱和状态（接近正电源电压 $+V_{CC}$），就是处于负饱和状态（接近负电源电压 $-V_{EE}$），两种状态均处于运放电压传输特性的非线性区。由此可见，分析比较电路时应注意以下 2 点。

1）比较器中的运放，"虚短"的概念不再成立，而"虚断"的概念依然成立。

2）应着重抓住输出发生跳变时的输入电压值来分析其输入/输出关系，画出电压传输特性曲线图。

电压比较器简称比较器，常用来比较两个电压的大小，比较的结果（大或小）通常由输出的高电平 U_{OH} 或低电平 U_{OL} 来表示。

1. 简单电压比较器

简单电压比较器的基本电路原理图如图 3-11（a）所示，它将一个模拟量的电压信号 u_i 和一个参考电压 U_{REF} 相比较。模拟量信号可以从同相端输入，也可从反相端输入。图 3-13（a）中的信号为反相端输入，参考电压接于同相端。

当输入信号 $u_i < U_{REF}$ 时，输出为高电平，即 $u_o = U_{OH}$（$+V_{CC}$）。

当输入信号 $u_i > U_{REF}$ 时，输出为低电平，即 $u_o = U_{OL}$（$-V_{EE}$）。

显然，当比较器输出为高电平时，输入电压 u_i 比参考电压 U_{REF} 小；反之，当输出为低电平时，输入电压 u_i 比参考电压 U_{REF} 大。

根据上述分析，可得该比较器的传输特性曲线，如图 3-11（b）中实线所示。可以看出，

传输特性中的线性放大区（M-N段）输入电压变化范围极小，因此可近似认为M-N段与横轴垂直。

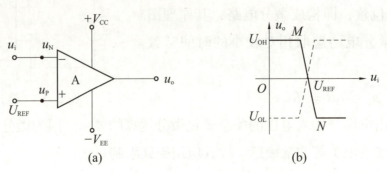

图 3-11 简单电压比较器的基本电路
（a）电路原理图；（b）传输特性曲线

通常把比较器的输出电压从一个电平跳变到另一个电平时对应的临界输入电压称为阈值电压或门限电压，简称为阀值，用符号 U_{TH} 表示。对这里所讨论的简单电压比较器，有 $U_{TH}=U_{REF}$。

也可以将图 3-11（a）电路中的 U_{REF} 和 u_i 的接入位置互换，即 u_i 接同相输入端，U_{REF} 接反相输入端，则可得到同相输入电压比较器。不难理解，同相输入电压比较器的阈值仍为 U_{REF}，其传输特性曲线图如图 3-11（b）中虚线所示。

作为上述两种电路的一个特例，如果参考电压 $U_{REF}=0$（该端接地），则当输入电压超过 0 时，输出电压将产生跃变，这种比较器称为过零比较器。

2. 集成电压比较器

随着集成技术的不断发展，根据比较器的工作特点和要求，集成电压比较器得到了广泛应用。现在市场上用得比较多的产品有 LM239/LM339 系列、LM293/LM393 系列和 LM111/LM211/LM311 系列。LM293/LM393 系列为双电压比较器；LM239/LM339 系列为四电压比较器。LM111/LM211/LM311 系列为单电压比较器。它们都是集电极开路输出，均可采用双电源或单电源方式供电，供电电压范围为 +5 V 到 ± 15 V。LM111/LM211/LM311 系列的不同在于其工作温度分别为 -55~+125 ℃、-25~+85 ℃、0~70 ℃。图 3-12 为 LM311 的引脚图。

图 3-13 为 LM311 的应用电路原理图。JSQ 为超声波接收器，接收发射器发射过来的超声波信号，TL082 为双集成运放，由于信号比较微弱，因此经过两级放大后至 LM311 集成电压比较器的反相输入端。调节电位器，使没有超声波信号时，LM311 的输出为 0；当有超声波信号时，LM311 有输出。由于是集电极开路，故其输出端通过一个上拉电阻至 +5 V，以便和单片机电源相匹配。

图 3-12 LM311 的引脚图

集成电压比较器除了用作比较器外，通过不同的接法，还可以组成不同用途的电路，如继电器驱动电路，振荡器、电平检测电路等。

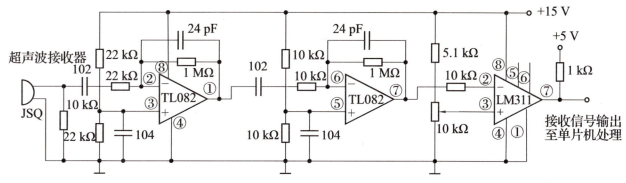

图 3-13　LM311 的应用电路原理图

（一）零点漂移

集成运放电路由于各级之间均采用直接耦合方式，而直接耦合放大电路具有良好的低频频率特性，故可以放大缓慢变化甚至接近于零频（直流）的信号（如温度、湿度等缓慢变化的传感信号）；但其却有一个致命的缺点，即当温度或电路参数等因素稍有变化时，电路工作点将随之变化，输出端电压偏离静态值（相当于交流信号零点）而上下漂动，这种现象称为零点漂移，简称零漂。

由于存在零漂，即使输入信号为 0，也会在输出端产生电压变化从而造成电路误动作，显然这是不允许的。当然，如果漂移电压与输入电压相比很小，则影响不大。但如果输入端等效漂移电压与输入电压相比很接近或很大，即漂移严重时，则有用信号就会被漂移信号严重干扰，使电路无法正常工作。容易理解，多级放大器中第一级放大器零漂的影响最为严重。例如，当放大器第一级的静态工作点由于温度的变化，使电压稍有偏移时，其第一级的输出电压就将发生微小的变化，这种缓慢、微小的变化经过多级放大器逐步放大后，输出端就会产生较大的漂移电压。显然，直流放大器的级数越多，放大倍数越高，输出的漂移现象越严重。

因此，直接耦合放大电路必须采取措施来抑制零漂。抑制零漂的措施通常采用 3 种：第一种是采用质量好的硅管，因为硅管受温度的影响比锗管小得多，所以目前要求较高的直流放大器的前置放大级几乎都采用硅管；第二种是采用热敏元件进行补偿，利用温度对非线性元件（晶体二极管、热敏电阻等）的影响，来抵消温度对放大电路中晶体管参数所产生的漂移；第三种是采用差动式放大电路，这是一种被广泛应用的电路，它是利用特性相同的晶体管进行温度补偿来抑制零漂的。

（二）简单差动放大电路

差动放大电路又称为差分放大器。这种电路能有效地减少晶体管的参数随温度变化所引起的漂移，较好地解决在直流放大器中放大倍数和零点漂移的矛盾，因而在分立元件和集成电路中获得十分广泛的应用。

1. 电路组成和工作原理

简单差动放大电路原理图如图 3-14 所示，它由两个完全对称的单管放大电路构成，有两个输入端和两个输出端。其中，VT_1、VT_2 的参数和特性完全相同（如 $\beta_1=\beta_2=\beta$ 等），$R_{B1}=R_{B2}=R_B$，$R_{C1}=R_{C2}=R_C$。显然，两个单管放大电路的静态工作点和电压增益等均相同。当然，实际电路总存在一定的差异，不可能完全对称，但在集成电路中，这种差异很小。

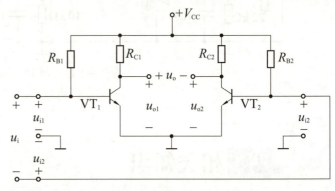

图 3-14 简单差动放大电路原理图

由于两管电路完全对称，因此静态（$u_i=0$）时，直流工作点 $U_{C1}=U_{C2}$。此时，电路的输出 $u_o=U_{C1}-U_{C2}=0$（这种情况称为零输入时的零输出）。当温度变化引起晶体管参数变化时，每一单管放大器的工作点必然随之改变（存在零漂）。但由于电路的对称性，U_{C1} 和 U_{C2} 同时增大或减小，并始终保持 $U_{C1}=U_{C2}$，即始终有输出电压 $u_o=0$，或者说零漂被抑制了。这就是差动放大电路抑制零漂的原理。

设每个单管放大电路的放大倍数为 A_{u1}，在电路完全对称的情况下，有

$$A_{u1}=\frac{u_{o1}}{u_{i1}}=\frac{u_{o2}}{u_{i2}}\approx-\frac{\beta R_C}{r_{be}}$$

显然，$u_{o1}=A_{u1}u_{i1}$，$u_{o2}=A_{u1}u_{i2}$。而差动放大电路的输出取自两个对称单管放大电路的两个输出端之间（称为平衡输出或双端输出），其输出电压为

$$u_o=u_{o1}-u_{o2}=A_{u1}(u_{i1}-u_{i2})$$

由上式可知，差动放大电路的输出电压与两单管放大电路的输入电压之差成正比，"差动"的概念由此而来。

实际的输入信号（即有用信号）通常加到两个输入端之间（称为平衡输入或双端输入），由于电路对称，因此两只晶体管的发射结电流大小相等、方向相反，此时若一只晶体管的输出电压升高，则另一只晶体管的输出电压降低，且有 $u_{o1}=-u_{o2}$，所以 $u_o=u_{o1}-u_{o2}=2u_{o1}$，因此输出电压不但不会为 0，反而比单管输出时大一倍。这就是差动放大电路可以有效放大有用输入信号的原理。

设当有用信号输入时，两只晶体管各自的输入电压（参考方向均为 b 极指向 e 极）分别为 u_{id1} 和 u_{id2}，则有 $u_{id1}=u_i/2$，$u_{id2}=-u_i/2$，$u_{id1}=-u_{id2}$。

显然，u_{id1} 与 u_{id2} 大小相等、极性相反，通常称它们为一对差模输入信号或差模信号。而电路的差动输入信号则为两只晶体管差模输入信号之差，即 $u_{id}=u_{id1}-u_{id2}=2u_{id1}=u_i$。在只有差模

输入电压 u_{id} 作用时，差动放大电路的输出电压就是差动输出电压 u_{od}。通常把输入差模信号时的放大器增益称为差模增益，用 A_{ud} 表示，即

$$A_{ud} = \frac{u_{od}}{u_{id}}$$

显然，差模增益就是普通的放大器的电压增益，对于简单差动放大电路，有

$$A_{ud} = A_u = A_{u1} \approx -\frac{\beta R_C}{r_{be}}$$

差模增益 A_{ud} 表示电路放大有用信号的能力，一般情况下要求 $|A_{ud}|$ 尽可能大。

以上讨论的是差动放大电路如何放大有用信号的。下面介绍其抑制零漂信号（即共模信号）的原理。

设在一定的温度变化值的情况下，两个单管放大器的输出漂移电压分别为 u_{oc1} 和 u_{oc2}，u_{oc1} 和 u_{oc2} 折合到各自输入端的等效输入漂移电压分别为 u_{ic1} 和 u_{ic2}，显然有

$$u_{oc1} = u_{oc2}, \quad u_{ic1} = u_{ic2}$$

将 u_{ic1} 与 u_{ic2} 分别加到差动放大电路的两个输入端，因为其大小相等，极性相同，故通常称为一对共模输入信号或共模信号。共模信号可以表示为 $u_{ic1}=u_{ic2}=u_{ic}$。显然，共模信号并不是实际的有用信号，而是温度等因素变化所产生的漂移或干扰信号，因此需要进行抑制。

当只有共模输入电压 u_{ic} 作用时，差动放大电路的输出电压就是共模输出电压 u_{oc}，通常把输入共模信号时的放大器增益称为共模增益，用 A_{uc} 表示，则

$$A_{uc} = \frac{u_{oc}}{u_{ic}}$$

在电路完全对称情况下，差动放大电路双端输出时的 $u_{oc}=0$，则 $A_{uc}=0$。

共模增益 A_{uc} 表示电路抑制共模信号的能力。$|A_{uc}|$ 越小，电路抑制共模信号的能力也就越强。当然，实际的差动放大电路的两个单管放大器不可能做到完全对称，因此 A_{uc} 不可能完全等于 0。

需要指出的是，差动放大电路在实际工作时，总是既存在差模信号，又存在共模信号，因此实际的 u_{i1} 和 u_{i2} 可表示为

$$u_{i1} = u_{ic} + u_{id1}$$
$$u_{i2} = u_{ic} + u_{id2} = u_{ic} - u_{id1}$$

由上述二式容易得到

$$u_{ic} = (u_{i1} + u_{i2})/2$$
$$u_{id1} = -u_{id2} = (u_{i1} - u_{i2})/2$$

电路的差模输入电压为

$$u_{id} = 2u_{id1} = u_{i1} - u_{i2} = u_i$$

2. 共模抑制比

在差模信号和共模信号同时存在的情况下,若电路基本对称,则对输出起主要作用的是差模信号,而共模信号对输出的作用要尽可能被抑制。为定量反映放大器放大有用的差模信号和抑制有害的共模信号的能力,通常引入参数共模抑制比,用 K_{CMR} 表示,其定义为

$$K_{CMR} = \left| \frac{A_{ud}}{A_{uc}} \right|$$

共模抑制比用分贝表示为

$$K_{CMR} = 20\lg \left| \frac{A_{ud}}{A_{uc}} \right| \text{(dB)}$$

显然,K_{CMR} 越大,输出信号中的共模成分越少,电路对共模信号的抑制能力就越强。

(三) 射极耦合差动放大电路

前面所讨论的简单差动放大电路在实际应用中存在以下 2 点不足。

1) 即使电路完全对称,每一单管放大电路仍存在较大的零漂,在单端输出(非对称输出,即输出取自任一单管放大电路的输出)的情况下,该电路和普通放大电路一样,没有任何抑制零漂的能力。在电路不完全对称时,抑制零漂的作用明显变差。

2) 每一单管放大电路存在的零漂(即工作点的漂移)均可能使其工作于饱和区,从而使整个放大器无法正常工作。

采用射极耦合差动放大电路可以较好地克服简单差动放大电路的不足。一种实用的射极耦合差动放大电路原理图如图 3-15(a)所示,电路中接入 $-V_{EE}$ 的目的是为了保证输入端在未接信号时基本为零输入(I_B,R_B 均很小),同时又给 BJT 发射结提供了正偏。其中,$R_{C1}=R_{C2}=R_C$,$R_{B1}=R_{B2}=R_B$。

由图 3-15(a)可以看出,射极耦合差动放大电路与简单差动放大电路的关键不同之处在于两只晶体管的发射极串联了一个公共电阻 R_E(因此也称为电阻长尾式差动放大电路),而正是 R_E 的接入使电路的性能发生了明显变化。

当输入信号为差模信号时,$u_{i1}=-u_{i2}=u_{id}/2$,因此两只晶体管的发射极电流 i_{E1} 和 i_{E2} 将一个增大、另一个同量减小,即流过 R_E 的电流 $i_E=i_{E1}+i_{E2}$ 保持不变,R_E 两端的电压也保持不变(相当于交流 $i_E=0$,$u_E=0$)。也就是说,R_E 对差模信号可视为短路。由此可得该电路的差模交流通路原理图如图 3-15(b)所示。显然,R_E 的接入对差模信号的放大没有任何影响。

当输入(等效输入)信号为共模信号时,$u_{ic1}=u_{ic2}=u_{ic}$,因此两只晶体管的发射极电流 i_{E1} 和 i_{E2} 将同时同量增大或减小,相当于交流 $i_{E1}=i_{E2}$,即 $i_E=i_{E1}+i_{E2}=2i_{E1}$,$u_E=i_ER_E=2i_{E1}R_E$。容易看出,此时 R_E 对每一单管放大电路所呈现的等效电阻为 $2R_E$,由此可得,该电路的共模交流通路原理图如图 3-15(c)所示。显然,R_E 的接入对共模信号产生了明显影响,这个影响就是每一单管放大电路相当于引入了反馈电阻为 $2R_E$ 的电流串联负反馈。当 R_E 较大时,单端输出的共模

增益也很低，从而有效地抑制了零漂，并稳定了静态工作点。

由图 3-15（c）可以看出，R_E 越大，共模负反馈越深，从而可以有效地提高差动放大电路的共模抑制比。但受到集成电路制造工艺的限制，R_E 不可能很大。另外，如果 R_E 太大，则要求负电源电压也很高（以产生一定的直流偏置电流），这一点对电路的实现是不利的。针对上述问题，可以考虑将 R_E 用直流恒流源来代替。

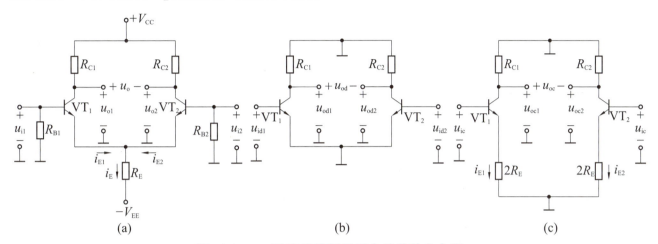

图 3-15　一种实用的射极耦合差动放大电路

（a）电路原理图；（b）差模交流通路原理图；（c）共模交流通路原理图

五、任务实施

（一）制作（焊接）电路

1. 项目内容

1）学习理解集成运算放大电路基本运算关系和应用。

2）制作集成运算放大器常用的 4 个电路：反相比例运算放大器、同相比例运算放大器、加法运算器、减法运算器。其原理图分别如图 3-16~图 3-19 所示。

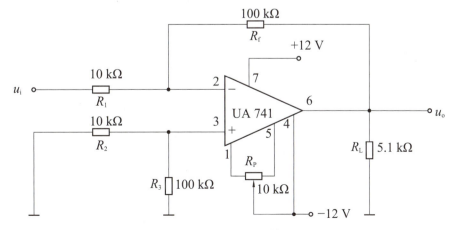

图 3-16　反相比例运算放大器

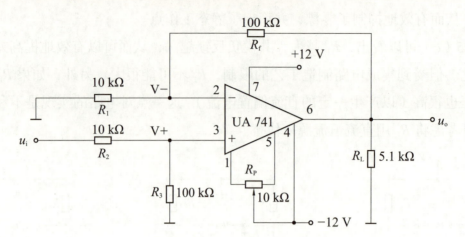

图 3-17 同相比例运算放大器

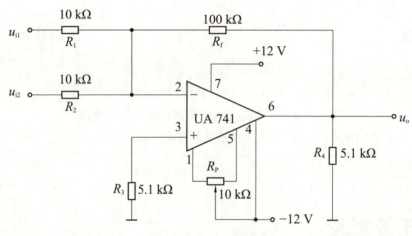

图 3-18 加法运算器

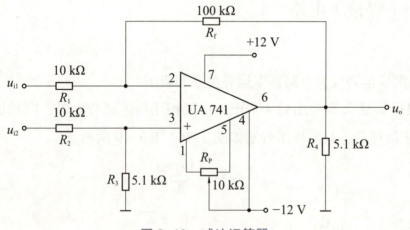

图 3-19 减法运算器

2. 工具、器材及设备

电烙铁、烙铁架、焊锡、松香、镊子、尖嘴钳、斜口钳、示波器、直流稳压电源（±12 V）、数字万用表、函数发生器、毫伏表。

3. 元件清单

集成运算放大器元件清单如表 3-1 所示。

表 3-1　集成运算放大器元件清单

元件名称	型号、规格	数量	备注
集成运放芯片	UA741	4个	
输出电阻	5.1 kΩ	4个	
反馈电阻	100 kΩ	4个	
输入电阻	10 kΩ	4个	
滑动电阻	10 kΩ	4个	
下拉电阻	100 kΩ、5.1 kΩ	4个	

（二）调试电路

1）根据 4 个电路图分别焊接出电路实物。

2）进行电路实物的测量与调试。

3）实验记录和调试。

（三）记录输出结果、撰写总结报告

1）记录输出结果。

①反相比例运算器输出结果为 $u_o = -\dfrac{R_f}{R_1} u_i$，完成表 3-2。

表 3-2　反相比例运算实验表

u_i /V	0.3	0.5	0.7	0.8	0.9
u_o 理论值 /V	−0.3	−0.5	−0.7	−0.8	−0.9
u_o 实验值 /V					

②同相比例运算器输出结果为 $u_o = \left(1 + \dfrac{R_f}{R_1}\right) u_i$，完成表 3-3。

表 3-3　同相比例运算实验表

u_i /V	0.3	0.5	0.7	0.8	0.9
u_o 理论值 /V	3.3	5.5	7.7	8.8	9.9
u_o 实验值 /V					

③加法运算器输出结果为 $u_o = -\left(\dfrac{R_f}{R_1}u_{i1} + \dfrac{R_f}{R_2}u_{i2}\right)$，完成表 3-4。

表 3-4 加法运算器实验表

输入信号 u_{i1}/V	0	0.2	0.5	0.3	−0.6	−0.5
输入信号 u_{i2}/V	0.3	0.3	0.3	0.4	0.4	0.5
u_o 理论值 /V	−3	−5	−8	−7	2	0
u_o 实验值 /V						

④减法运算器输出结果为 $u_o = \dfrac{R_f}{R_2}(u_{i2} - u_{i1})$，完成表 3-5。

表 3-5 减法运算器实验表

输入信号 u_{i1}/V	1.0	0.7	0.8	0.4	0.3	−0.2
输入信号 u_{i2}/V	1.2	1.0	0.6	−0.5	−0.5	0.4
u_o 理论值 /V	2	3	−2	−9	−8	6
u_o 实验值 /V						

2）撰写项目总结报告。

六、任务评价

对本任务的知识掌握与技能运用情况进行测评，完成表 3-6。

表 3-6 任务测评表

测评项目	测评内容	自我评价	教师评价
基本素养 （30分）	无迟到、无早退、无旷课（10分）		
	团结协作能力、沟通能力（10分）		
	安全规范操作（10分）		

续表

测评项目	测评内容	自我评价	教师评价
知识掌握与技能运用（70分）	正确说出集成运算放大器的组成结构及各部分的作用（10分）		
	正确说出差动放大电路的组成及工作原理（10分）		
	正确说出同向、反相比例运算放大器和加法器、减法器、微分器、积分器的工作原理（20分）		
	正确制作完成反相比例运算放大器、同相比例运算放大器、加法运算器、减法运算器（20分）		
	正确使用专用型集成运算放大器（10分）		
综合评价			

七、任务扩展

（一）实验目的

1）了解并掌握电压比较器的工作原理。
2）熟悉集成运放的非线性应用。

（二）实验内容

用双电压比较器 LM393 设计一个双限电压比较电路。

（三）实验原理及实验电路说明

输入一个在一定范围内变化的电压信号，并与模块上设定的上限基准电压和下限基准电压相比较。当输入的电压信号在模块内设定的上限基准电压和下限电压范围内时，继电器保持吸合；当输入的电压信号高于模块内设定的上限基准电压或低于下限基准电压时，继电器释放。上限基准电压和下限基准电压均通过模块上的可调电阻设定。例如，设置上限基准电压为 7 V，下限基准电压为 5 V，则当待比较的电压信号在 5~7 V 变化时，继电器都保持吸合；当待比较的电压信号高于 7 V 或低于 5 V 时，继电器释放。其与各种传感器或电压取样电路输出的电压信号相配合，可广泛应用于自动保护、监控、报警、自动控制等领域中。

如果电压信号低于设置的下限基准电压值或高于设置的上限基准电压值，则绿色指示灯亮，继电器不动作；如果电压信号在设置的上限基准电压与下限基准电压范围内，则红色指示灯亮，继电器吸合。LM339 双限电压比较器电路原理图如图 3-20 所示。其中，10 V>U_{ref1}>U_{ref2}。

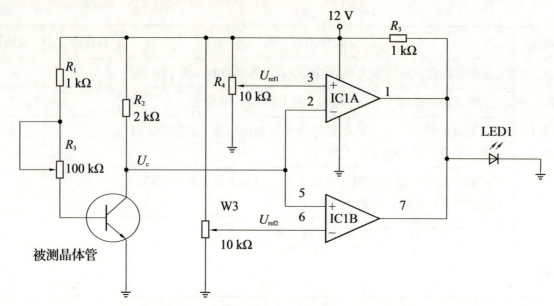

图 3-20　LM339 双限电压比较器电路原理图

（四）实验设备及所需元件

LM339 双限电压比较器元件清单如表 3-7 所示。

表 3-7　LM339 双限电压比较器元件清单

元件及设备名称	型号、规格	数量	备注
直流电源	12 V	1 个	
函数信号发生器		1 台	
双踪示波器		1 台	
数字万用表		1 个	
交流毫伏表		1 个	
LM393 双电压比较器	LM393	1 个	
电阻	1 kΩ	2 个	
电阻	2 kΩ	1 个	
电位器	10 kΩ	2 个	
电位器	100 kΩ	1 个	
发光二极管	红发红	1 个	
晶体管	8050	1 个	
导线		若干	

(五)项目端口功能

LM339 双限电压比较器实物图如图 3-21 所示。其各元件及端口功能如下。

1)1:相对于插头红线,12 V 电源正极为输入端。

2)2:相对于插头黑线,12 V 电源负极为输入端。

3)3:黄色指示灯,12 V 电源输入时灯亮。

4)4:下限基准电压可调电阻,顺时针方向调节基准电压升高,逆时针方向调节基准电压降低。可调电阻总共可转动 30 圈,调节精确、缓慢。

5)5:绿色指示灯,LM393 输出低电平时灯亮。

6)6:下限基准电压测试点。

7)7:上限基准电压可调电阻,顺时针方向调节基准电压升高,逆时针方向调节基准电压降低。可调电阻总共可转动 30 圈,调节精确、缓慢。

8)8:待比较的信号电压输入端。

9)9:接地负极端。

10)10:上限基准电压测试点。

11)11:接地负极端。

12)12:红色指示灯,继电器吸合时灯亮。

13)13:继电器输出常闭接点。

14)14:继电器输出公共接点。

15)15:继电器输出常开接点。

图 3-21 LM339 双限电压比较器实物图

(六)实验步骤

1)在标号 1 端口输入 12 V 正极直流工作电压,在标号 2 端口输入负极直流工作电压,黄色电源指示灯亮。

2)调标号 4 的可调电阻,设置下限基准电压(可在标号 6 上测得电压值)。

3)调标号 7 的可调电阻,设置上限基准电压(可在标号 10 上测得电压值)。

4)在第 8 号端口输入待比较的信号电压。

(七)实验报告要求

1)整理实验数据,绘制各类比较器的传输特性曲线。

2)总结几种比较器的特点,并阐明它们的应用。

任务四
功率放大器的设计与制作

功率放大器简称功放，是各类音响设备中最主要的元件，其作用主要是将输入的较微弱信号进行放大，产生足够大的电流去推动扬声器从而进行声音的重放。考虑功率、阻抗、失真、动态以及不同的使用范围和控制调节功能，不同的功放在内部的信号处理、线路设计和生产工艺上也各不相同。根据用途的不同可将功放分为两大类，即专业功放与家用功放。在体育馆、影剧场、歌舞厅、会议厅或其他公共场所扩声，以及录音监听等场所使用的功放，一般来说在技术参数上往往会有一些独特的要求，这类功放通常称为专业功放。而用于家庭的 Hi-Fi 音乐欣赏，AV 系统放音，以及卡拉 OK 娱乐的功放，通常我们称其为家用功放。例如，音响的应用，刚进入音响时的声音信号比较小，不能推动扬声器工作，因此需要经过一个功率放大器来进行音频的信号放大。此外，手机信号发射出去后在空间传播中会有很多损耗，因此信号也需要放大到一定功率值才能发射出去，否则无法保证和基站的正常通信。本项目就介绍跟我们家庭息息相关的家用功放。

一、任务描述

设计并制作一个功率放大器，能够利用晶体管的电流控制作用或场效应管的电压控制作用将电源的功率转换为按照输入信号变化的电流。因为声音是不同振幅和不同频率的波，即交流信号电流。晶体管的集电极电流永远是基极电流的 β 倍，β 是晶体管的交流放大倍数。应用这一点，若将小信号注入晶体管的基极，则其集电极流过的电流会等于基极电流的 β 倍，然后将这个信号用隔直电容隔离出来，就得到了电流（或电压）是原先 β 倍的大信号，这种现象就是晶体管的放大作用。经过不断的电流放大，从而实现功率放大。

二、任务目标

1. 素质目标

1）培养分析、设计功率放大器的能力。
2）养成严谨认真的科学态度与良好的学习习惯。

2. 知识目标

1）了解功率放大器的主要性能指标。
2）掌握功率放大器的种类及优缺点。
3）掌握甲乙类互补对称功率放大器的工作原理。
4）熟悉常用的集成功放芯片。

3. 技能目标

1）能够根据任务描述设计功率放大器电路。
2）能够正确选择制作功率放大器所需要的元件。
3）能够完成电路的焊接与调试。
4）能够熟练使用数字万用表、函数发生器。

三、任务分析

功率放大器通常由 3 个部分组成，即前置放大器、驱动放大器、末级功率放大器。

1）前置放大器起匹配作用，其输入阻抗高（不小于 10 kΩ），可以将前面的信号大部分吸收过去；输出阻抗低（几十欧以下），可以将信号大部分传送出去。同时，它本身又是一种电流放大器，可以将输入的电压信号转化成电流信号，并给予适当的放大。

2）驱动放大器起桥梁作用，它将前置放大器送来的电流信号作进一步放大，将其放大成中等功率的信号来驱动末级功率放大器正常工作。如果没有驱动放大器，那么末级功率放大器不可能送出大功率的声音信号。

3）末级功率放大器起关键作用，它将驱动放大器送来的电流信号形成大功率信号，带动扬声器发声，其技术指标决定了整个功率放大器的技术指标。

功率放大器的主要性能指标。

1）输出功率：是指功放电路输送给负载的功率。人们对输出功率的测量方法和评价方法很不统一，使用时要注意。

2）额定功率：是指在一定的谐波范围内，功放长期工作所能输出的最大功率（严格地说是正弦波信号）。经常把谐波失真度为1%时的平均功率称为额定输出功率或最大有用功率、持续功率、不失真功率等。显然，当规定的失真度前提不同时，额定功率数值也将不相同。

3）最大输出功率：当不考虑失真大小时，功放电路的输出功率可远高于额定功率，还可输出更大数值的功率，将其能输出的最大功率称为最大输出功率，与前述额定功率是两种不同前提条件的输出功率。

4）音乐输出功率：是指功放电路工作于音乐信号时的输出功率，也就是在输出失真度不超过规定值的条件下，功放对音乐信号的瞬间最大输出功率。

5）峰值音乐输出功率：是最大音乐输出功率，也是功放电路的另一个动态指标，若不考虑失真度，则功放电路可输出的最大音乐功率就是峰值音乐输出功率。

6）频率响应：反映功率放大器对音频信号各频率分量的放大能力，功率放大器的频响范围应不低于人耳的听觉频率范围，因而在理想情况下，主声道音频功率放大器的工作频率范围为 20 Hz~20 kHz。国际规定一般的音频功放的频率范围是 40 Hz~16 kHz ± 1.5 dB。

7）失真：是重放音频信号的波形发生变化的现象。波形失真的原因和种类有很多，主要有谐波失真、互调失真、瞬态失真等。

8）动态范围：放大器不失真的放大最小信号与最大信号电平的比值就是放大器的动态范围。在实际运用时，该比值用 dB 来表示两信号的电平差，高保真放大器的动态范围应大于 90 dB。自然界的各种噪声形成周围的背景噪声，而周围的背景噪声和演奏出现的声音强度相差很大，在通常情况下，将这个强度差称为动态范围。优良音响系统在输入强信号时不应产生过载失真，而在输入弱信号时，也不应被自身产生的噪声所淹没。因此，好的音响系统应当具有较大的动态范围。噪声只能尽量减少，但不可能没有。

9）信噪比：是指声音信号大小与噪声信号大小的比例关系，将功放电路输出的声音信号电平与输出的各种噪声电平之比的分贝数称为信噪比的大小。

10）输出阻抗和阻尼系数。

①输出阻抗：功放输出端与负载（扬声器）所表现出的等效内阻抗称为功放的输出阻抗。

②阻尼系数：是指功放电路给负载进行电阻尼的能力。

四、相关知识

（一）功放的种类

传统的功放主要有 A 类（甲类）、B 类（乙类）和 AB（甲乙类），除此之外，还有工作在开关状态下的 D 类（丁类）功放。

A 类功放在整个输入信号周期内都有电流连续流过，其晶体管总是工作在放大区，并且在输入信号的整个周期内，晶体管始终工作在线性放大区域。它的优点是输出信号的失真比较小，缺点是输出信号的动态范围小、效率低。理想情况下，其效率为50%。考虑到晶体管的饱和压降及穿透电流造成的损耗，A类功放的最高效率仅为45%左右。

B类功放在整个输入信号周期内的导通时间为50%，因为其晶体管在输入信号的正半周时工作在放大区，而在输入信号的负半周时是截止的。它的优点是理想情况下，效率可达78.5%，比A类功放提高了很多，其缺点是非线性失真比A类功放大，而且会产生交越失真，增加噪声。

AB类（甲乙类）功放是上述两种功放的结合，可以使每个功放的导通时间达到50%~100%。此类功放在目前最为流行，因为其兼顾了效率和失真两方面的性能指标。设计该功放时要设置功率晶体管的静态偏置电路，使其工作在AB类状态。这类功放的失真小于B类功放，但其效率比B类功放要低一些。

D类功放又称开关型功放，现在也称之为数字功放。它利用晶体管的高速开关特性和低饱和压降的特点，效率高，理论上可达100%，实际上可达90%。此类功放的电路不需要严格对称，也不需要复杂的直流偏置和负反馈，因此稳定性大大提高。用同样功耗的晶体管可得到比AB类功率放大器高4倍功率的输出。D类功放的功率器件受一高频脉宽调制（PWM）脉冲信号的控制，使其工作在开关状态，能极大地降低能源损耗，减小放大器的体积。在体积、效率和功耗要求较高的场合具有很大的优势。

另外，现代保真音响系统常采用数字音频设备，如CD、DAT，近年发展起来的DVD、计算机多媒体设备、MP3等也都是数字音频信号源。数字音频信号采用脉冲编码调制技术（PCM），其信号分辨率通常为12位或16位，采样频率为44.1 kHz（CD）或48 kHz（DAT）。由于数字信号在存储、传输和数据上的优点，人们开始追求以数字式功放代替传统的模拟功放，这也使D类功放受到更大的关注。D类功放虽然具有很高的效率，但由于其功率晶体管的开关工作方式，引入的失真通常大于线性放大器，故在音频放大领域并未得到广泛应用。随着半导体及微电子制造技术的不断发展，高速、大功率器件已越来越多，人们对音频功率放大器的要求更加趋向高效、节能和小型化，所以D类（丁类）功放越来越受到人们的重视。

（二）集成功放芯片

本任务以LM386和TDA2030为例对集成功放芯片作简单介绍。

1. 集成功放芯片 LM386

LM386是一种低电压、通用型低频集成功放，其电路功耗低、允许的电源电压范围宽、通频带宽、外接元件少，广泛用于收录机、对讲机、电视伴音等系统中。

（1）LM386 内部结构

LM386内部电路原理图如图4-1所示，共有3级。VT_1~VT_6组成有源负载单端输出差动放大器并作为输入级，其中VT_5、VT_6构成镜像电流源并作为差放的有源负载以提高单端输出时差动放大器的放大倍数。中间级是由VT_7构成的共射放大器，也采用恒流源I作为负载以提高增益。输出级由 $VT_8 \sim VT_{10}$ 组成准互补推挽功放，VD_1、VD_2 组成功放的偏置电路以利于消除交越失真。

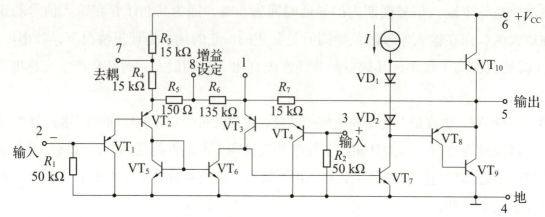

图 4-1　LM386 内部电路原理图

（2）LM386 管脚介绍

LM386 管脚及封装如图 4-2 所示。

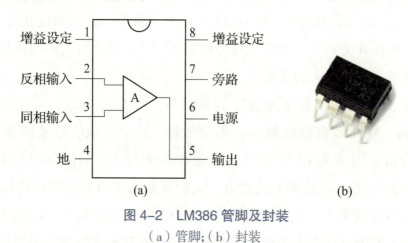

图 4-2　LM386 管脚及封装
（a）管脚；（b）封装

（3）LM386 特性

1）静态功耗低，约为 4 mA，可用于电池供电。

2）工作电压范围宽（4~12 V 或 5~18 V）。

3）外围元件少。

4）电压增益可调，通常为 20~200。

5）低失真度。

（4）LM386 典型应用电路

LM386 放大增益电路原理图如图 4-3 所示。

图 4-3（a）中，当 1、8 管脚开路时，负反馈最深，电压放大倍数最小，其增益设定为 $A_{uf}=20$。

图 4-3（b）中，当 1、8 管脚间接入 10 μF 电容时，内部 1.35 kΩ 的电阻被旁路，此时负反馈最弱，电压放大倍数最大，其增益设定为 $A_{uf}=200$（46 dB）。

图 4-3（c）中，当 1、8 管脚间接入电阻和 10 μF 的电容串接支路时，调整 R 可使电压放大倍数 A_{uf} 在 20~200 间连续可调，且 R 越大，放大倍数越小。当 $R=1.24\ \text{k}\Omega$ 时，$A_{uf}=50$。

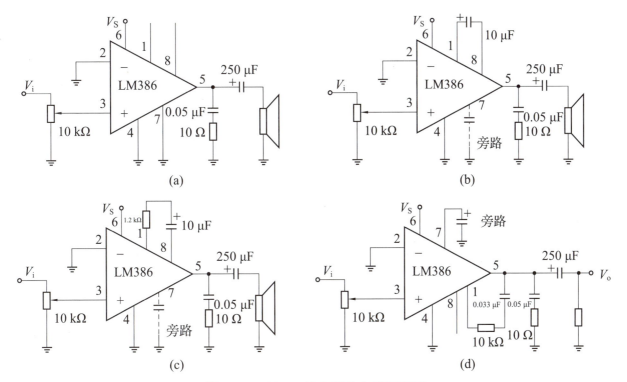

图 4-3　LM386 放大增益电路原理图

（a）放大器增益为 20；（b）放大器增益为 200；（c）放大器增益为 50；（d）低频提升放大器

2. 集成功放芯片 TDA2030

TDA2030 是由德律风根生产的音频功放电路，采用 V 型 5 脚单列直插式塑料封装结构，其管脚及封装如图 4-4 所示。该集成电路广泛应用于汽车立体声收录机、中功率音响设备，具有体积小、输出功率大、失真小等特点，同时具有内部保护电路。

（1）TDA2030 管脚介绍

1）管脚 1 为同相输入端。

2）管脚 2 为反相输入端。

3）管脚 3 为 $-V_S$，即负电源输入端。

4）管脚 4 为输出端。

5）管脚 5 为 $+V_S$，即正电源输入端。

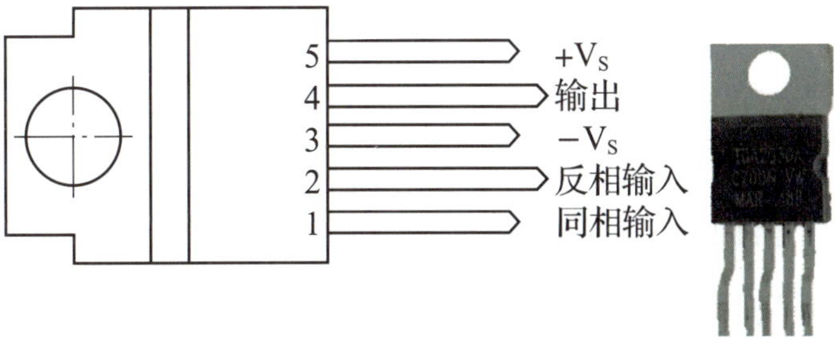

图 4-4　TDA2030 管脚及封装

（2）TDA2030 特性

1）外接元件非常少。

2）输出功率大，$P_o=18\ \text{W}$（$R_L=4\ \Omega$）。

3）采用超小型封装（TO-220），可提高组装密度。

4）开机冲击极小。

5）内含各种保护电路，因此工作安全可靠。主要的保护电路有短路保护、热保护、地线偶然开路、电源极性反接（$U_{smax}=12\text{ V}$）以及负载泄放电压反冲等。

6）TDA2030A 能在最低 ±6 V，最高 ±22 V 的电压下工作。在 ±19 V、8 Ω 阻抗时，其能够输出 16 W 的有效功率，THD（总谐波失真）≤ 0.1%。因此，用它来做电脑有源音箱的功率放大部分或小型功放再合适不过了。

（3）TDA2030 典型电路

单电源 TDA2030 外围电路原理图如图 4-5 所示。

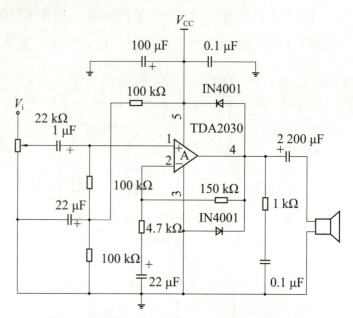

图 4-5　单电源 TDA2030 外围电路原理图

（三）集成功放电路

集成功放电路种类很多，一般用集成功放和外围元件构成无输出变压器的互补对称功放电路（OTL 电路）或无输出电容的互补对称功放电路（OCL 电路）。集成功放具有体积小、工作稳定可靠、使用方便等优点，因而获得广泛的应用。

互补对称功放电路采用两个导电特性相反的晶体管（NPN 型和 PNP 型），让一只晶体管在信号的正半周导通，另一只晶体管在信号的负半周导通，即两只晶体管在信号周期内交替工作，各自产生半个周期的信号波形，从而在负载上合成一个完整的信号波形，这种功放电路就是互补对称的推挽功率放大电路。

1. 乙类 OCL 电路

（1）电路结构及工作原理

如图 4-6（a）为乙类 OCL 电路结构，NPN 型和 PNP 型晶体管互补，采用双电源供电。当输入信号处于正半周时，VT_1 导电，有电流通过负载 R_L，方向由上到下，与假设正方向相同。当输入信号处于负半周时，VT_2 导电，有电流通过负载 R_L，方向由下到上，与假设正方向相反。电路在有信号时，VT_1 和 VT_2 轮流导电，交替工作，使流过负载 R_L 的电流为一完整的正弦信号。由于是

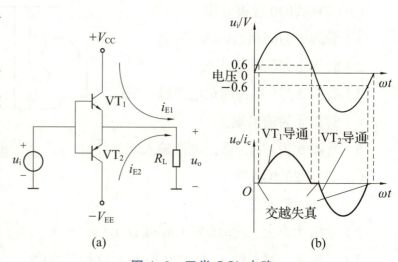

图 4-6　乙类 OCL 电路
（a）电路结构；（b）交越失真的产生

两个不同极性的晶体管互补对方的不足，工作性能对称，因此这种电路通常称为互补对称功放电路。

由两个射极输出器组成的乙类互补对称功放电路，实际上并不能使输出波形很好地反映输入的变化。由于没有直流偏置，因此晶体管的 i_B 必须在 $|U_{BE}|$ 大于某一个数值（即门坎电压，NPN 型硅晶体管约为 0.6 V，PNP 型锗晶体管约为 0.2 V）时才有显著变化。当输入信号 u_i 低于这个数值时，VT_1 和 VT_2 都截止，i_{c1} 和 i_{c2} 基本为零，负载 R_L 上无电流通过，出现一段死区，如图 4-6（b）所示。这种现象称为交越失真。

（2）电路主要性能指标

1）输出功率 P_o。

电路输出功率 P_o 为

$$P_o = \frac{U_{om}}{\sqrt{2}} \frac{I_{cm}}{\sqrt{2}} = \frac{1}{2} I_{cm} U_{om} = \frac{1}{2} \frac{U_{om}^2}{R_L}$$

最大输出功率为

$$P_{omax} = \frac{1}{2} \frac{U_{om}^2}{R_L} = \frac{1}{2} \frac{(V_{CC} - U_{CES})^2}{R_L}$$

2）直流电源提供的功率 P_E。

电路直流电源提供的功率 P_E 为

$$P_E = P_{E1} + P_{E2} = \frac{2}{\pi} I_{cm} V_{CC} = \frac{2U_{om}}{\pi R_L} V_{CC}$$

提供的最大功率为

$$P_{Emax} = \frac{2U_{omax}}{\pi R_L} U_{CC} = \frac{2}{\pi} \frac{V_{CC} - U_{CES}}{R_L} V_{CC} \approx \frac{2}{\pi} \frac{V_{CC}^2}{R_L}$$

3）效率 η。

电路的效率 η 为

$$\eta = \frac{P_o}{P_E} \times 100\% = \frac{\pi}{4} \frac{U_{om}}{V_{CC}} \times 100\%$$

理想情况下的最高效率为

$$\eta_{max} = \frac{\pi}{4} \frac{V_{CC} - U_{CES}}{V_{CC}} \times 100\% \approx \frac{\pi}{4} \times 100\% = 78.5\%$$

4）集电极的损耗功率 P_c。

电路集电极的损耗功率 P_c 为

$$P_c = P_E - P_o = \frac{2U_{om}}{\pi R_L} \cdot V_{CC} - \frac{1}{2} \frac{U_{om}^2}{R_L}$$

2. 甲乙类单电源 OTL 电路

图 4-7 是采用一个电源的互补对称电路原理图，图中的 VT_3 组成前置放大级，VT_2 和 VT_1 组成互补对称功放电路输出级。在输入信号 $u_i=0$ 时，一般只要 R_1、R_2 有适当的数值，就可使 IC_3、VB_2 和 VB_1 达到所需大小，给 VT_2 和 VT_1 提供一个合适的偏置，从而使 K 点电位 $V_K = V_{CC}/2$。

当加入信号 u_i 时，在信号的负半周，VT_1 导通，有电流通过负载 R_L，同时向 C 充电；在信号的正半周，VT_2 导电，则已充电的电容 C 起着双电源互补对称电路中电源 $-V_{EE}$ 的作用，从而通过负载 R_L 放电。只要选择时间常数足够大（比信号的最长周期还大得多），就可以认为用电容 C 和一个电源 V_{CC} 可代替原来的 $+V_{CC}$ 和 $-V_{EE}$ 两个电源的作用。

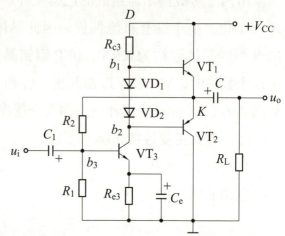

图 4-7 单电源 OTL 电路原理图

值得指出的是，采用一个电源的互补对称功率放大电路，由于每个晶体管的工作电压不是原来的 V_{CC}，而是 $V_{CC}/2$，即输出电压幅值 U_{om} 最大也只能达到约 $V_{CC}/2$，因此前面推导出的 P_o、P_E 和 P_c 的最大值公式，必须加以修正才能使用。修正的方法也很简单，只要以 $V_{CC}/2$ 代替原来的公式中的 V_{CC} 即可。

3. 甲乙类双电源 OCL 电路

双电源互补对称功放电路具有低频响应好、输出功率大、便于集成的优点，但需要双电源供电，使用起来会感到不便。如果采用单电源供电，只需在两个晶体管的发射极与负载之间接入一个大容量的耦合电容 C 即可。

（1）电路结构及工作原理

甲乙类 OCL 电路原理图如图 4-8 所示，图中，电容 C 除了起隔直流通交流的耦合作用外，还作为 VT_3 的工作电源。R_1 构成 VT_1 的偏置电路，保证 VT_1 工作在甲类放大状态。R_1 的上端接输出端的 K 点，交直流负反馈，负反馈的引入稳定了静态工作点 U_K，同时改善了功放电路的交流性能指标。

该电路的偏置电路是克服交越失真的一种方法。VT_1 组成前置放大级，VT_2 和 VT_3 组成互补输出级。静态时，在 VD_1、VD_2 上产生的压降为 VT_2、VT_3 提供了一个适当的偏压，使之处于微导通状态。由于电路对称，因此静态时有 $i_{C1}=i_{C2}$，$I_L=0$，$u_o=0$。有信号时，由于电路工作在甲乙类，因此即使 u_i 很

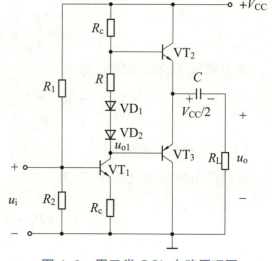

图 4-8 甲乙类 OCL 电路原理图

小（VD_1 和 VD_2 的交流电阻也小），基本上可线性地进行放大。

（2）电路主要性能指标

1) 最大输出功率 P_{omax}。

电路最大输出功率 P_{omax} 为

$$P_{omax} = \frac{1}{2}\frac{U_{omax}^2}{R_L} = \frac{1}{2}\frac{\left(\frac{1}{2}V_{CC} - U_{CES}\right)^2}{R_L} \approx \frac{1}{8}\frac{V_{CC}^2}{R_L}$$

2) 电源提供的最大功率 P_{Emax}。

电路电源提供的最大功率 P_{Emax} 为

$$P_{Emax} = \frac{2U_{omax}}{\pi R_L} \cdot V_{CC} = \frac{2}{\pi}\frac{\frac{1}{2}V_{CC} - U_{CES}}{R_L}V_{CC} \approx \frac{1}{2\pi}\frac{V_{CC}^2}{R_L}$$

3) 效率 η。

电路的效率 η 为

$$\eta = \frac{P_o}{P_E} \times 100\%$$

4) 集电极的损耗功率 P_c。

电路集电极的损耗功率 P_c 为

$$P_c = P_E - P_o = \frac{2U_{om}}{\pi R_L} \cdot V_{CC} - \frac{1}{2}\frac{U_{oi}^2}{R_L}$$

五、任务实施

（一）制作（焊接）电路

1. 项目内容

制作一个 LM386 语音功放，其电路原理图如图 4-9 所示。传声器 MK1 将声波转化为音频电信号，经过 C_3 耦合，再经过音量调节 R_{P1} 的分压，把信号送到 U1 的 3 管脚，在 U1 内部放大后由 5 管脚输出，输出的信号经过 C_4 送到 JP3 上，在 JP3 上可以外接扬声器把音频信号转化为声波。其中，C_3 是输入耦合电容，C_4 是输出耦合电容，在电路接有感性负载扬声器时，R_2、C_7 可确保高频稳定性，C_2 是交流旁路电容，C_1 是外接的耦合电容，用来提高电路增益。

2. 工具、器材及设备

电烙铁、烙铁架、焊锡、松香、镊子、尖嘴钳、斜口钳、示波器、数字万用表、函数发生器。

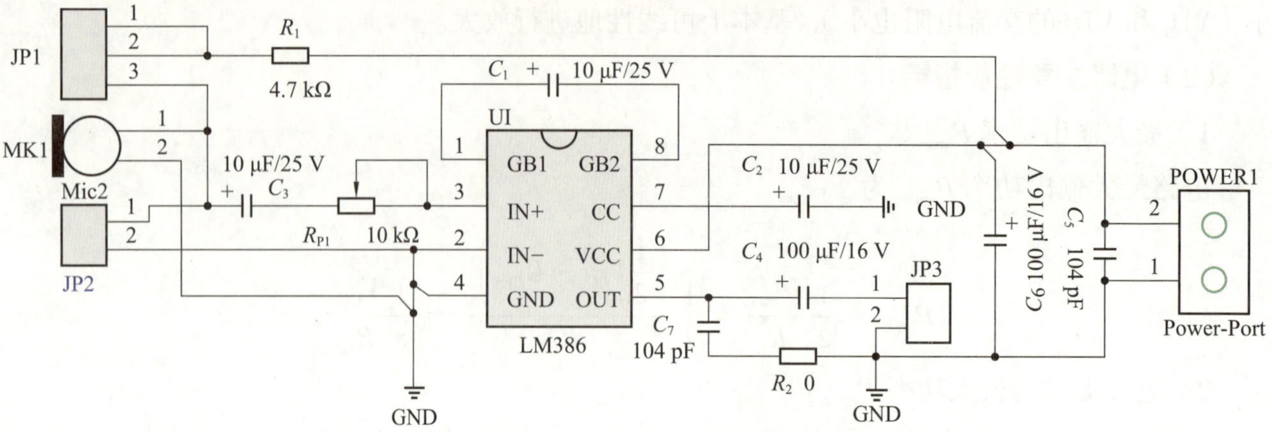

图 4-9　LM386 语音功放电路原理图

3. 元件清单

LM386 语音功放元件清单如表 4-1 所示。

表 4-1　LM386 语音功放元件清单

元件名称	型号、规格	数量	备注
集成芯片	LM386	1 个	
电阻	0、4.7 kΩ	各 1 个	
电解电容	10 μF/25 V	3 个	
电解电容	100 μF/16 V	2 个	
陶瓷电容	104	2 个	
传声器	6 mm×6 mm	1 个	
电位器	10 kΩ	1 个	
导线		若干	

4. 焊接电路

LM386 语音功率放大器实物图如图 4-10 所示，请按此图自行完成焊接。

（二）调试电路

1）按照电路原理图组装调试电路。

2）用毫伏表（或示波器）测试放大器的带电压增益。

3）调节电位器，测试放大器的最大动态范围。

（三）记录输出结果、撰写总结报告

图 4-10　LM386 语音功率放大器实物图

1）记录输出结果。

通过调节电位器，用毫伏表测量出该任务的最大动态范围，计算出放大器的电压增益值、带宽、效率的参数值。

2）撰写项目总结报告。

六、任务评价

对本任务的知识掌握与技能运用情况进行测评,完成表 4-2。

表 4-2 任务测评表

测评项目	测评内容	自我评价	教师评价
基本素养 (30 分)	无迟到、无早退、无旷课(10 分)		
	团结协作能力、沟通能力(10 分)		
	安全规范操作(10 分)		
知识掌握与 技能运用 (70 分)	正确说出功率放大器的种类及优缺点(10 分)		
	正确说出甲乙类互补对称功率放大器的工作原理(10 分)		
	正确设计功率放大器(10 分)		
	正确选择功率放大器制作所需要的元件(20 分)		
	正确制作完成功率放大器(20 分)		
综合评价			

(一)实验目的

1)了解功放内部电路的工作原理,掌握其外围电路的设计与砖窑性能参数的测试方法。
2)掌握音频功放的设计方法。

(二)实验内容

利用集成功放芯片 TDA2030 制作一个双声道功放。

(三)实验原理及实验电路说明

图 4-11 为 TDA2030 双声道功放电路原理图。其中,TDA2030 是高保真集成功放芯片,输出功率大于 10 W,频率响应为 10~1 400 Hz,输出电流峰值最大可达 3.5 A。其内部电路包含输入级、中间级和输出级,且有短路保护和过热保护,可确保电路工作安全可靠。TDA2030 使用

方便、外围所需元件少，一般不需要调试即可成功。TDA2030 为同相放大器，输入信号通过交流耦合电容 C_1 及馈入同相输入端 1 管脚。C_{13}、C_{14} 起滤波作用，R_5 是音量调节电位器，C_1 是输入耦合电容。R_2、R_6 决定了该电路交流负反馈的强弱及闭环增益。该电路闭环增益为 $(R_2+R_6)/R_6=(0.68+22)/0.68=33.3$ 倍，C_{15} 起隔直流作用，以使电路直流为 100% 负反馈，静态工作点稳定性好。C_3、C_5、C_7、C_8 为电源高频旁路电容，防止电路产生自激振荡。

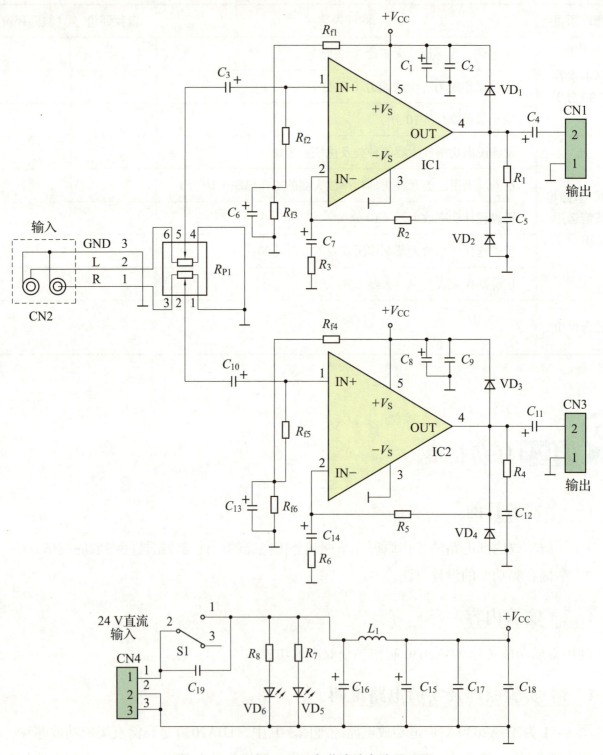

图 4-11　TDA2030 双声道功放电路原理图

（四）实验设备及所需元件

双声道功放电路元件清单如表 4-3 所示。

表 4-3　双声道功放电路元件清单

元件名称	型号、规格	数量	备注
集成芯片	TDA2030	2 个	
整流二极管	IN4001	4 个	
发光二极管	红发红	2 个	
电阻	10 Ω	1 个	
电阻	330 Ω	2 个	
电阻	1 kΩ	2 个	
电阻	1.5 kΩ	1 个	
电阻	2.2 kΩ	1 个	
电阻	5.6 kΩ	1 个	
电阻	10 kΩ	2 个	
电阻	22 kΩ	2 个	
电阻	47 kΩ	2 个	
电解电容	10 μF/25 V	3 个	
电解电容	2 200 μF/25 V	2 个	
瓷片电容	222 pF	2 个	
瓷片电容	223 pF	6 个	
瓷片电容	104 pF	2 个	
瓷片电容	224 pF	4 个	
电位器	50 kΩ	1 个	
直推电源开关		1 个	
IC 散热器		4 个	
导线		若干	

（五）实验步骤

1）按图 4-11 焊接好电路，TDA2030 双声道功放实物图如图 4-12 所示。

2）接上变压器，先检测 TDA2030 是否有电源供给，即 TDA2030 的第 5 管脚是否为正电压，第 3 管脚是否为负电压，要注意电路是否有短路的情况。

3）为了防止烧毁扬声器，放大器的输出端先不接扬声器，而是用万用表测量输出端的直流电压,正常情况下在 30 mV 以内,否则应立即断电检查电路板。若读数正常,接上扬声器,输出音乐信号,旋转音量电位器,音量大小会随之变化,旋转高低音旋钮,扬声器的音调有变化。

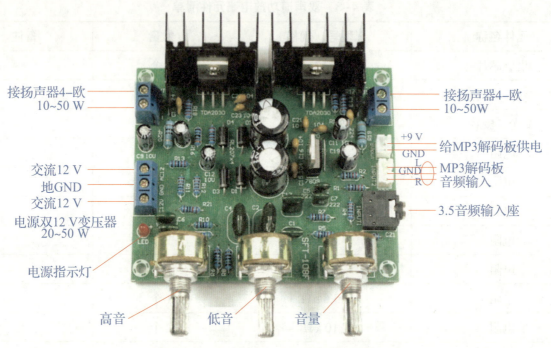

图 4-12　TDA2030 双声道功放实物图

(六) 实验报告要求

1) 总结在测试中出现的故障原因,并对故障进行分析。

2) 撰写实验报告。

数字电子技术篇

任务五
声光控开关的设计与制作

声光控制指通过声音以及光线的变化来控制电路从而实现特定功能的一种电子学控制方法。声光控开关是在特定光线环境下采用声响效果激发拾音器进行声电转换来控制用电器的开启，并经过延时能自动断开电源的节能电子开关。声光控开关广泛用于楼道、建筑走廊、洗漱室、厕所、厂房、庭院等场所，是现代极为理想的新颖绿色照明开关。这种开关电路能延长灯泡使用寿命6倍以上，节电率达90%，既可避免人摸黑找开关造成的摔伤、碰伤，又可杜绝楼道灯有人开、没人关的现象。

一、任务描述

设计并制作一个声光控开关，当环境的亮度达到某个设定值以下，同时环境的噪声超过某个值时，这种开关就会开启。在白天的时候，光敏电阻的阻值较小，这样即使有很大的声音，由于光敏电阻的下拉导致信号无法继续传送，所以白天的时候声光控开关不亮。而在夜晚的时候，光敏电阻阻值变大。此时，如果有较大的声音，就会推动晶闸管导通，灯泡就会被点亮。但是当电容中的电荷放尽的时候，晶闸管就会在交流过零后自动关闭，此时灯泡就会熄灭了。

二、任务目标

1. 素质目标

1）培养分析、设计声光控开关电路的能力。
2）增强创新思维和探索能力。
3）形成良好的职业道德和团队精神。

2. 知识目标

1）了解声光控开关的功能及特点。

2）掌握声光控开关的工作原理。

3）熟悉光敏电阻、单向可控硅和驻极体传声器的结构和工作特性。

3. 技能目标

1）能够根据任务描述设计声光控开关电路。

2）能够正确选择制作声光控开关所需要的元件。

3）能够完成电路的焊接与调试。

三、任务分析

（一）声光控开关电路分析

1. 声光控延时开关的功能

近年来，完全智能化的声光自控延时开关渐渐被人们认识和采用。这种节能开关，真正实现了人来灯亮，人走灯灭，既方便，又节能，目前已成为公共场所照明开关的主流产品。

作为一种新型产品，在选择、安装、使用上必然有其自身的特点，如果使用不当，就可能使开关的功能得不到充分发挥甚至浪费，因此需要我们深入了解这种开关的相关功能。

2. 声光控延时开关的特点

声光控延时开关可在白天关闭电灯，晚上人来有声音时自动亮灯，延时 1 min 后自动熄灭，真正做到人来灯亮，人走灯灭。这种开关有许多优点。

1）省电。由于灯泡大部分时间不工作，因此节电效率很高，达 80% 左右。

2）方便。首先，不用接触，全自动智能控制；其次，接线简单、安装方便，不用更改原照明电路。

3）节省灯泡。正常情况下，一只灯泡可使用两年左右。

另外，在一定场所使用还可起防盗作用。实践证明，此种产品是公共场所照明开关的理想选择，被人们誉为"长明灯的克星"。

3. 声光控延时开关的电路结构

声光控延时开关电路原理图如图 5-1 所示，本可分为几大部分，分别为电源变换电路、触发驱动电路、光敏控制电路、音频放大电路和延时关断电路。

1）电源变换电路：由 VD_2、VD_6、Q_1、R_6 和 C_1 组成。

2）触发驱动电路：由 R_7、CD4011 的 A 单元组成，目标直指单向可控硅 Q_1、BT169 门极。

3）光敏控制电路：由 R_3、R_g 与 CD4011 的 D 单元组成。

4）音频放大电路：由 R_1、BM1、C_2、R_2 与 CD4011 的 C 单元组成。

5）延时关断电路：由 C_4、R_8 与 CD4011 的 B 单元组成。

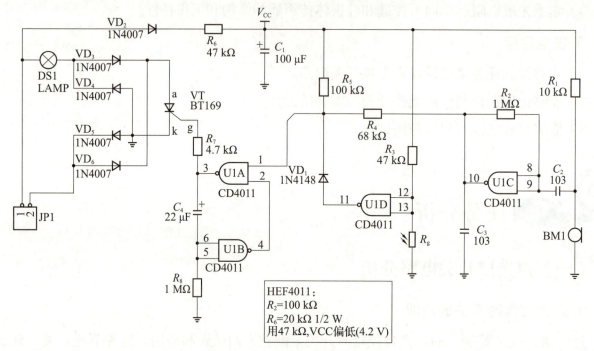

图 5-1　声光控开关电路原理图

4. 声光控延时开关的发展应用前景

随着科学技术的发展，公共场所照明控制手段也在逐步更新，除现在已有的声光控开关外，还有微波感应开关和热释电红外感应开关。目前，微波感应开关的抗干扰性能尚不理想，热释电红外感应开关在性能上较为理想，但安装复杂，价格也偏高，比较适合在一些管理完善的场所如宾馆、大饭店楼道及家庭走廊应用。在普通住宅楼、办公楼道等场所的照明控制考虑到价格、管理及安装方便等因素，可以预计在相当一段时期内，声光控延时开关将是首选的主流产品。

（二）声光控开关电路设计

1. 电源变换电路

电源变换电路如图 5-2（a）所示。JP1 是接市电插头，市电经二极管 VD_2 半波整流、电阻 R_2 限流和电容 C_1 滤波作为 CD4011 的工作电源 V_{CC}。R_2 的作用是通过限流来降低工作电源 V_{CC} 的电压，以满足 CD4011 的安全工作需要（实际测量 V_{CC} 为 5.5~5.6 V）。

注意：电路中的"地"只是参考电平，并不是真正的"地"，对人体而言仍是危险电压。

高压二极管 VD_3~VD_6 组成桥式整流电路，灯泡 DS1 是在路负载。JP1 接交流电压，电流方向要么为①→DS1→VD_3→Q1→VD_5→②，要么为②→VD_6→Q1→VD_4→DS1→①。也就

是说，流过灯泡 DS1 的是交流电流，流过单向可控硅 Q1 的是脉动直流电流。如果采用双向可控硅高压二极管 $VD_3 \sim VD_6$ 完全可以去掉，如图 5-2（b）所示。

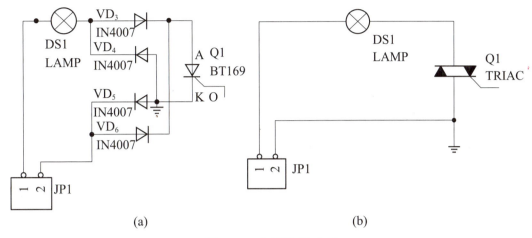

图 5-2　电源变换电路
（a）桥式整流电路；(b)可控硅应用电路

2. 触发控制电路

触发控制电路由 R_7、CD4011 的 A 单元组成，CD4011 管脚状态及功能如表 5-1 所示。

表 5-1　CD4011 管脚状态及功能

管脚状态	功能
CD4011 的③端为高电平	Q1 触发、正向导通
CD4011 的③端为低电平	Q1 不能触发、正向阻断

3. 光敏控制电路

光敏电阻 R_g 的等效电阻随光照强度的变化而变化，同时 R_3 和 R_g 分压值也随之改变，从而影响 D 单元的输出状态。光敏电阻有多种型号，它们的亮/暗电阻有多种档次，光敏电阻测试表如表 5-2 所示。因此，R_3 必须和光敏电阻配合选用，不同的光敏电阻要匹配不同的上拉电阻。

表 5-2　光敏电阻测试表　　　　　　　　　　　　　　　　　　　kΩ

序号	有光照	无光照	R_3 匹配阻值范围
1	3.5~3.8	20~21.5	8~12
2	8~12	85~90	33~47
3	65~95	650~750	200~470

当选择第二类光敏电阻时，在有/无光照射的情况下 R_3 与光敏电阻串联分压等效电路分别如图 5-3 和图 5-4 所示。

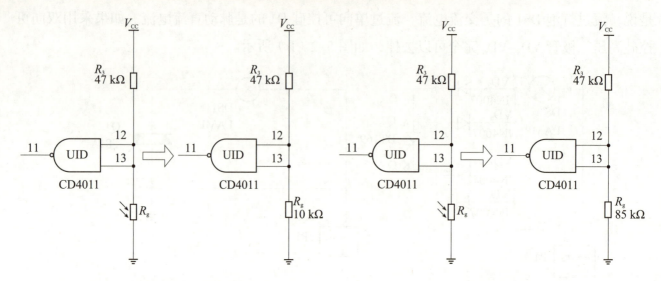

图 5-3 有光照时的等效电路　　　　图 5-4 无光照时的等效电路

(1) 有光照射到光敏电阻

图 5-3 中,有光照射到光敏电阻时,D 单元逻辑输出状态如表 5-3(第一行)所示。

表 5-3 光敏电阻的逻辑输出状态

光照情况	D 单元输入状态	D 单元输出状态	VD_1 通断状态	①端逻辑输出状态
有光照射	D 单元两端输入为逻辑 0	D 单元输出为逻辑 1	VD_1 导通	①端为逻辑 1
无光照射	D 单元两端输入为逻辑 1	D 单元输出为逻辑 0	VD_1 截止	①端为逻辑 0

此时,无论⑩端的状态如何都不会影响①端的电压,这是因为 VD_1 的钳位作用使①端电压置于高电位。也就是说,CD4100 的 D 单元锁定其输出为高电平,继而钳位的位①端于高电平的优先级最高。

结上已经分析出②端为高电平,于是③端为低电平,单向可控硅因没有控制信号而不能导通。

(2) 无光照射到光敏电阻

图 5-4 中,无光照射(光敏电阻)时,D 单元状态如表 5-3(第二行)所示,此时 VD_1 反向截止,①端电压将由 C 单元输出状态决定。

4. 音频放大电路

在分析音频放大电路时,假定光敏电阻 R_g 无光照射,即 D 单元输出为低电平,VD_1 反向截止,对①端无控制作用。

参考图 5-1,R_1 为驻极体传声器提供工作电压(驻极体传声器工作的必要条件,动圈式传声器工作不需要偏置电压),声波引起电压波动,经 C_2 耦合输入到 C 单元。R_2 跨接于反 C 单元两端,此时 C 单元的作用类似于运算放大器,⑩端输出放大电压信号——数字电路模拟(线性)使用,有声响时的信号分析如图 5-5 所示。

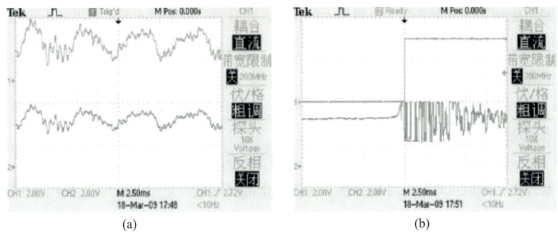

(a)　　　　　　　　　　　　　　(b)

图 5-5　音频放大电路信号波形
（a）有声响时的信号波形；（b）突发状态波形

如果突然拍手，经 C 单元电压放大、输出振幅很大的信号，从而拉低⑩端电压（实际上是某一个幅度较大的波谷拉低⑩端电压），经 R_4 传导到①端，即①端突变为低电平，于是③端由"0"变为"1"，触发 Q1 导通、DS1 被点亮，突发状态波形如图 5-5（b）所示。

5. 延时关断电路

紧接上面的描述，当③端由 0→1 时，⑤端由 0→1（电容两端电压不能突变）。但是，⑤端高电平不能持续维持，随着电容 C_4 充电的不断进行，⑤端电压会逐渐下降，直到⑤端 1→0，③端由 1→0。延时关断电路信号如图 5-6 所示。

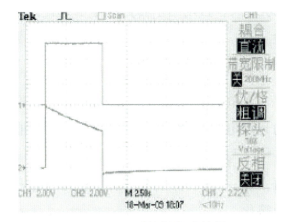

图 5-6　延时关断电路信号

四、相关知识

（一）光敏电阻

光敏电阻器又叫光感电阻，如图 5-7 所示，它是利用半导体光电效应制成的一种电阻值随入射光的强弱而改变的电阻。当受到适当波长的光线照射时，在光敏电阻两端的金属电极之间加上电压便有电流通过。大多数光敏电阻具有以下 3 点基本特性。

1）当入射光强时电阻减小，当入射光弱时电阻增大。

2）光敏电阻没有极性，纯粹是一个电阻器件，使用时既可加直流电压，也可以加交流电压。通常，光敏电阻都制成薄片结构以便吸收更多的光能。

3）光敏电阻又称为光电导探测器。并不是所有的光敏电阻都具有入

图 5-7　光敏电阻

射光强时电阻减小，入射光弱时电阻增大的特性。还有另一种入射光弱时电阻减小，入射光强时电阻增大的光敏电阻。

1. 光敏电阻的分类

1）根据光敏电阻采用的半导体材料的不同，可将其分为本征型光敏电阻、掺杂型光敏电阻。后者性能稳定，特性较好，故大都采用。

2）根据光敏电阻光谱特性的不同，可将其分为以下3种。

①紫外光敏电阻：对紫外线较敏感，包括硫化镉、硒化镉光敏电阻等，用于探测紫外线。

②红外光敏电阻：主要有硫化铅、碲化铅、硒化铅、锑化铟等光敏电阻，广泛用于导弹制导、天文探测、非接触测量、人体病变探测、红外光谱、红外通信等国防、科学研究和工农业生产中。

③可见光光敏电阻：包括硒、硅、锗、硫化镉、硒化镉、碲化镉、砷化镓、硫化锌光敏电阻等，主要用于各种光电控制系统，如光电自动开关门户，航标灯、路灯和其他照明系统的自动亮/灭，自动给水和自动停水装置，机械上的自动保护装置和位置检测器，极薄零件的厚度检测器，照相机自动曝光装置，光电计数器，烟雾报警器，光电跟踪系统等方面。

2. 光敏电阻的作用

光敏电阻一般用于光的测量、光的控制和光电转换（将光的变化转换为电的变化）。常用的光敏电阻是硫化镉光敏电阻，它是由半导体材料制成的。光敏电阻对光的敏感性（即光谱特性）与人眼对可见光（0.4~0.76 μm）的响应很接近，只要人眼可感受的光，都会引起其阻值变化。在设计光控电路时，都用白炽灯（小电珠）光线或自然光线作控制光源，使设计大为简化。

3. 光敏电阻的参数特性

光敏电阻的主要参数有以下4项。

1）光电流、亮电阻。光敏电阻在一定的外加电压下，当有光照射时，其流过的电流称为光电流。外加电压与光电流之比称为亮电阻，常用"100 lx"表示。

2）暗电流、暗电阻。光敏电阻在一定的外加电压下，当没有光照射时，其流过的电流称为暗电流。外加电压与暗电流之比称为暗电阻，常用"0 lx"表示。

3）灵敏度。灵敏度是指光敏电阻在没有光照射时的电阻值（暗电阻）与有光照射时的电阻值（亮电阻）的相对变化值。

4）光谱响应。光谱响应又称光谱灵敏度，是指光敏电阻在不同波长的单色光照射下的灵敏度。若将不同波长下的灵敏度画成曲线，就可以得到光谱响应曲线。

图5-8为光敏电阻测试电路。

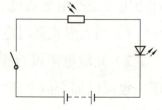

图5-8　光敏电阻测试电路

4. 光敏电阻的基本特性

光敏电阻主要有以下 4 项基本特性。

1）伏安特性。在一定照度下，流过光敏电阻的电流与光敏电阻两端的电压的关系称为光敏电阻的伏安特性。图 5-9 为硫化镉光敏电阻的伏安特性曲线。由图可知，光敏电阻在一定的电压范围内，其 I–U 曲线为直线。

2）光照特性。光敏电阻的光照特性是描述光电流 I 和光照强度之间的关系，不同材料的光敏电阻的光照特性是不同的，绝大多数光敏电阻的光照特性是非线性的。图 5-10 为硫化镉光敏电阻的光照特性。

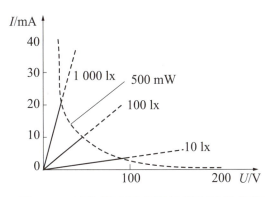

图 5-9　硫化镉光敏电阻的伏安特性曲线

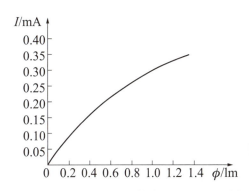

图 5-10　硫化镉光敏电阻的光照特性

3）光谱特性。光敏电阻对入射光的光谱具有选择作用，即光敏电阻对不同波长的入射光有不同的灵敏度。光敏电阻的相对光敏灵敏度与入射波长的关系称为光敏电阻的光谱特性，亦称为光谱响应。图 5-11 为几种不同材料光敏电阻的光谱特性。对于不同波长，光敏电阻的灵敏度是不同的，而且不同材料的光敏电阻的光谱响应曲线也不同。

4）频率特性。实验证明，光敏电阻的光电流不能随着光照强度的改变而立刻变化，即光敏电阻产生的光电流有一定的惰性，这种惰性通常用时间常数表示。大多数的光敏电阻的时间常数都较大，这是它的缺点之一。不同材料的光敏电阻具有不同的时间常数（毫秒数量级），因而它们的频率特性也就各不相同。图 5-12 为硫化镉和硫化铅光敏电阻的频率特性。

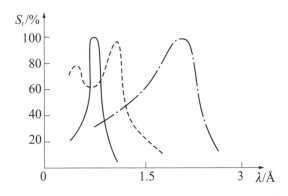

图 5-11　几种不同材料光敏电阻的光谱特性

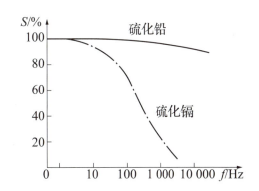

图 5-12　硫化镉和硫化铅光敏电阻的频率特性

5. 光敏电阻的工作原理

光敏电阻是基于内光电效应工作的。在半导体光敏材料两端装上电极引线，将其封装在带有透明窗的管壳里就构成光敏电阻，为了增加灵敏度，两电极常做成梳状。用于制造光敏电阻的材料主要是金属硫化物、硒化物和碲化物等半导体。通常采用涂敷、喷涂、烧结等方法在绝缘衬底上制作很薄的光敏电阻体及梳状欧姆电极，接出引线，封装在具有透光镜的密封壳体内，以免受潮影响其灵敏度。入射光消失后，由光子激发产生的电子-空穴对将复合，光敏电阻的阻值也就恢复原值。在光敏电阻两端的金属电极加上电压便有电流通过，当受到一定波长的光线照射时，其中的电流就会随光照强度的增大而变大，从而实现光电转换。

光敏电阻没有极性，纯粹是一个电阻器件，使用时既可加直流电压，也可加交流电压。半导体的导电能力取决于半导体导带内载流子数目的多少。

当无光照时，光敏电阻值（暗电阻）很大，电路中电流（暗电流）很小。当光敏电阻受到一定波长范围的光照时，其阻值（亮电阻）急剧减小，电路中电流迅速增大。一般希望暗电阻越大越好，亮电阻越小越好，此时光敏电阻的灵敏度高。实际上光敏电阻的暗电阻阻值一般在兆欧量级，亮电阻阻值在几千欧以下。

6. 光敏电阻应用概述

光敏电阻属半导体光敏器件，除了具有灵敏度高、反应速度快、光谱特性及电阻值一致性好等特点外，在高温、多湿的恶劣环境下，还能保持高度的稳定性和可靠性，可广泛应用于照相机、太阳能庭院灯、草坪灯、验钞机、石英钟、音乐杯、礼品盒、迷你小夜灯、光声控开关、路灯自动开关以及各种光控玩具、光控灯饰、灯具等光自动开关控制领域。下面介绍光敏电阻的典型应用电路。

图 5-13 是一种典型的光控调光电路，其工作原理是：当周围光线变弱时，光敏电阻的阻值增加，从而使加在电容 C 上的分压上升，进而使可控硅的导通角增大，达到增大照明灯两端电压的目的；反之，当周围的光线变亮时，R_c 的阻值下降，导致可控硅的导通角变小，照明灯两端电压也同时下降，使灯光变暗，从而实现对灯光照度的控制。

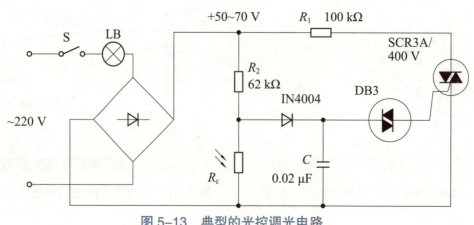

图 5-13　典型的光控调光电路

上述电路中整流桥给出的必须是直流脉动电压，不能将其用电容滤波变成平滑直流电压。可使电容 C 的充电在每个半周从零开始，准确完成对可控硅的同步移相触发。

（二）驻极体传声器

驻极体传声器的特点是体积小、灵敏度高、结构简单、电声性能好、价格低廉，应用非常广泛。手机的受话器几乎都采用驻极体传声器。

驻极体传声器的内部结构如图 5-14 所示。

其电路的接法有两种：源极输出和漏极输出。

当采用源极输出时，器件有 3 根引出线，漏极 D 接源正极，源极 S 经电阻接地，再经电容作信号输出。

当采用漏极输出时，器件有两根引出线，漏极 D 经电阻接至电源正极，再经电容作信号输出，源极 S 直接接地。

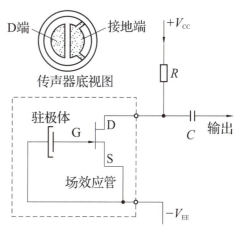

图 5-14 驻极体传声器的内部结构

所以，在使用驻极体传声器之前首先要对其进行极性的判别。

1. 驻极体传声器知识扩展

驻极体传声器广泛用于盒式录音机、无线传声器及声控电路中，属于最常用的电容传声器。由于输入和输出阻抗很高，因此要在这种传声器外壳内设置一个场效应管作为阻抗转换器，为此，驻极体传声器在工作时需要直流工作电压。

2. 驻极体传声器的结构

驻极体传声器原理图如图 5-15 所示。

驻极体传声器由声电转换和阻抗变换两部分组成，其外部结构如图 5-16 所示。

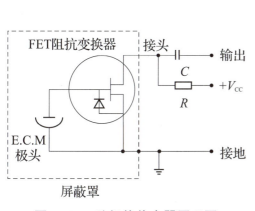

图 5-15 驻极体传声器原理图

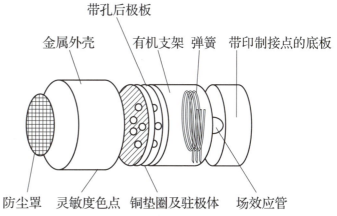

图 5-16 驻极体传声器外部结构

声电转换的关键元件是驻极体振动膜。它是一片极薄的塑料膜片，其中一面有一层纯金薄膜，经过高压电场驻极后，两面分别驻有异性电荷。膜片的金面向外，与金属外壳相连通。膜片的另一面与金属极板之间用薄的绝缘衬圈隔离开。这样，金膜与金属极板之间就形成一个电容。当驻极体膜片遇到声波时，引起电容两端的电场发生变化，从而产生随声波变化而变化的交变电压。驻极体膜片与金属极板之间的电容量比较小，一般为几十匹法，因而输出阻抗值很高，几十兆欧以上。这样高的阻抗是不能直接与音频放大器相匹配的，所以在传声器内接入一只结型场效应晶体管来进行阻抗变换。场效应管的特点是输入阻抗极高、噪声系数低。普通场效应管有源极 S、栅极 G 和漏极 D 3 个极。这里使用的是在内部源极和栅极间再复合一只二极管的专用场效应管。接二极管的目的是在场效应管受强信号冲击时起保护作用。场效应管的栅极接金属极板，这样，驻极体传声器的输出线便有 2 根，即源极 S，一般用蓝色塑料线；漏极 D，一般用红色塑料线和连接金属外壳的编织屏蔽线。

3. 驻极体传声器与电路的接法

驻极体传声器与电路的接法有源极输出与漏极输出。源极输出类似晶体管的射极输出，需用 3 根引出线。漏极 D 接电源正极，源极 S 与地之间接一电阻 R_S 来提供源极电压，信号由源极经电容 C 输出。编织线接地起屏蔽作用。源极输出的输出阻抗小于 2 kΩ，电路比较稳定，动态范围大，但输出信号比漏极输出小。漏极输出类似晶体管的共发射极输出，只需两根引出线。漏极 D 与电源正极间接一漏极电阻 R_D，信号由漏极 D 经电容 C 输出。源极 S 与编织线一起接地。漏极输出有电压增益，因而灵敏度比源极输出要高，但电路动态范围略小。

R_S 和 R_D 的大小要根据电源电压大小来决定，一般可在 2.2~5.1 kΩ 选用。例如，电源电压为 6 V 时，R_S 为 4.7 kΩ，R_D 为 2.2 kΩ。若电源为正极接地，只需将漏极 D、源极 S 对换一下，仍可成为源、漏极输出。驻极体传声器必须提供直流电压才能工作，因为其内部装有场效应管。

驻极体传声器的基本结构由一片单面涂有金属的驻极体薄膜与一个上面有若干小孔的金属电极（称为背电极）构成。驻极体面与背电极相对，中间有一个极小的空气隙，形成一个由空气隙和驻极体作绝缘介质，背电极和驻极体上的金属层作为两个电极构成的一个平板电容。电容的两极之间有输出电极。

由于驻极体薄膜上分布有自由电荷，故当声波引起驻极体薄膜振动而产生位移时，改变了电容两极板之间的距离，从而引起电容的容量发生变化。由于驻极体上的电荷数始终保持恒定，因此根据电荷量公式 $Q = CU$，当 C 变化时必然引起电容两端电压 U 的变化，从而输出电信号，实现声电的变换。驻极体传声器的内部结构如图 5-17 所示。

4. 驻极体传声器的正确使用

机内型驻极体传声器有 4 种连接方式。对应的传声器引出端分为两端式和三端式两种。图 5-15 中 R 是场效应管的负载电阻，它的取

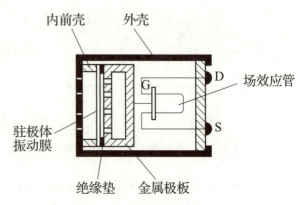

图 5-17　驻极体传声器的内部结构

值直接关系到传感器的直流偏置,对传声器的灵敏度等工作参数有较大的影响。

两端式是将场效应管接成漏极输出方式,类似晶体管的共发射极放大电路,只需两根引出线,漏极 D 与电源正极之间接一漏极电阻 R_D,信号由漏极输出有一定的电压增益,因而灵敏度比较高,但动态范围比较小。市售的驻极体传声器大多是这种方式连接。

三端式是将场效应管接成源极输出方式,类似晶体三极管的射极输出电路,需要用 3 根引出线。漏极 D 接电源正极,源极 S 与地之间接一电阻 R_S 来提供源极电压,信号由源极经电容 C 输出。源极输出的输出阻抗小于 2 kΩ,电路比较稳定,动态范围大,但输出信号比漏极输出小。三端输出式传声器在市场上比较少见。

无论何种接法,驻极体传声器必须满足一定的偏置条件才能正常工作。实际上就是保证内置场效应管始终处于放大状态。

5. 驻极体传声器的特性参数

表征驻极体传声器各项性能指标的特性参数主要有以下 8 项。

1)工作电压 U_{DS}。这是指驻极体传声器正常工作时所必须施加在其两端的最小直流工作电压。该参数视驻极体传声器型号不同而有所不同,即使是同一种型号的驻极体传声器也有较大的离散性,通常厂家给出的典型值有 1.5 V、3 V 和 4.5 V 3 种。

2)工作电流 I_{DS}。这是指驻极体传声器静态时所通过的直流电流,它实际上就是内部场效应管的静态电流。和工作电压类似,工作电流的离散性也较大,通常为 0.1~1 mA。

3)最大工作电压 U_{MDS}。这是指驻极体传声器内部场效应管漏极 D、源极 S 两端所能够承受的最大直流电压。当超过该极限电压时,场效应管就会被击穿损坏。

4)灵敏度。这是指传声器在一定的外部声压作用下所能产生音频信号电压的大小,其单位通常为 mV/Pa 或 dB(0=1 000 mV /Pa)。一般驻极体传声器的灵敏度多在 0.5~10 mV/Pa 或 –66~–40 dB 范围内。灵敏度越高,在相同大小的声音下所输出的音频信号幅度也越大。

5)频率响应。频率响应也称频率特性,是指传声器的灵敏度随声音频率变化而变化的特性,常用曲线来表示。一般来说,当声音频率超出厂家给出的上、下限频率时,传声器的灵敏度会明显下降。驻极体传声器的频率响应一般较为平坦,其频率响应较好(即灵敏度比较均衡)的普通产品范围在 100 Hz~10 kHz,质量较好的驻极体传声器为 40 Hz~15 kHz,优质驻极体传声器可达 20 Hz~20 kHz。

6)输出阻抗。这是指传声器在一定的频率(1 kHz)下输出端所具有的交流阻抗。驻极体传声器经过内部场效应管的阻抗变换,其输出阻抗一般小于 3 kΩ。

7)固有噪声。这是指在没有外界声音时传声器所输出的噪声信号电压。传声器的固有噪声越大,工作时输出信号中混有的噪声就越大。一般驻极体传声器的固有噪声都很小,为微伏级电压。

8)指向性。指向性也叫方向性,是指传声器灵敏度随声波入射方向变化而变化的特性。传声器的指向性分单向性、双向性和全向性 3 种。单向性传声器的正面对声波的灵敏度明显高于其他方向，并且根据指向特性曲线形状，可细分为心形、超心形和超指向形 3 种；双向性传声器在前、后方向的灵敏度均高于其他方向；全向性传声器对来自四面八方的声波都有基本相同的灵敏度。常用的机装型驻极体传声器绝大多数是全向性传声器。

（三）CD4011 元件

CD4011 内部包含 4 个双端输入的与非门，电源正极和接地共用，其管脚图如图 5-18 所示。

（四）单向可控硅 BT169

可控硅是可控硅整流器的简称。可控硅有单向、双向、可关断和光控几种类型，具有体积小、质量轻、效率高、使用寿命长、控制方便等优点，被广泛用于可控整流、调压、逆变以及无触点开关等各种自动控制和大功率的电能转换的场合。BT169 外观如图 5-19 所示。

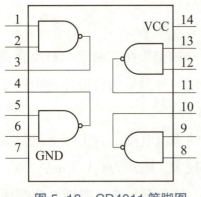

图 5-18　CD4011 管脚图

图 5-19　BT169 外观

单向可控硅是一种可控整流电子元件，能在外部控制信号的作用下由关断变为导通，但一旦导通，外部信号就无法使其关断，只能靠去除负载或降低两端电压来使其关断。单向可控硅是由 3 个 PN 结组成的 4 层三端半导体器件，与具有一个 PN 结的二极管相比，单向可控硅的正向导通受控制极电流控制。与具有两个 PN 结的晶体管相比，其对控制极电流没有放大作用。

可控硅导通条件有两个，一是其阳极与阴极间必须加正向电压，二是其控制极也要加正向电压。以上两个条件只有同时具备，可控硅才会处于导通状态。

1. 可控硅的管脚区分

对可控硅的管脚区分，可从外形封装上加以判别，如其外壳为阳极，阴极引线比控制极引线长。如果从外形上无法判断的可控硅，可用万用表 $R \times 100$ 或 $R \times 1k$ 挡，来测量其任意两管脚间的正、反向电阻。当万用表指示低阻值（几百欧至几千欧的范围）时，黑表笔所接的是控制极 G，红表笔所接的是阴极 K，余下的一只管脚则为阳极 A。

2. 可控硅的结构

单向可控硅为具有 3 个 PN 结的 4 层结构，由最外层的 P 层、N 层引出两个电极——阳极 A 和阴极 K，由中间的 P 层引出控制极 G。其图形符号类似一只二极管，但多引出一个电极——控制极或触发极 G。

可控硅从控制原理上可等效为一只 PNP 型晶体管和一只 NPN 型晶体管的连接电路,两管的基极电流和集电极电流互为通路,具有强烈的正、负反馈作用。一旦从控制极 G、阴极 K 回路输入 NPN 型晶体管的基极电流,由于正反馈作用,两只晶体管将迅即进入饱和导通状态。可控硅导通之后,其导通状态完全依靠晶体管本身的正反馈作用来维持,即使控制电流(电压)消失,它仍处于导通状态。控制信号的作用仅仅是触发可控硅使其导通,当导通之后,控制信号便失去了控制作用。

可见,可控硅元件若用于直流电路,一旦为触发信号导通,并保持一定幅度的流通电流,则可控硅会一直保持导通状态,除非将电源开断一次,才能使其关断。若可控硅用于交流电路,则在其承受正向电压期间,当接受一个触发信号时,可一直保持导通状态,直到电压过零点的到来,此时因无流通电流而自行关断。在承受反向电压期间,即使送入触发信号,可控硅也因阳极 A、阴极 K 间电压反向,而保持截止状态。可控硅元件因工艺上的离散性,其触发电压值、触发电流值和导通压降,很难有统一的标准。可控硅元件本质上如同晶体管一样,为电流控制器件。其功率越大,所需触发电流也就越大,触发电压范围一般为 1.5~3 V,触发电流为十毫安到几百毫安。可控硅的峰值触发电压不宜超过 10 V,峰值触发电流也不宜超过 2 A。阳极 A、阴极 K 间的导通压降为 1~2 V。

3. 可控硅的性能检测

可控硅质量好坏的判别可以从 4 个方面进行。第一是 3 个 PN 结应完好;第二是当阴极 K 和阳极 A 间电压反向连接时其能够阻断,不导通;第三是当控制极 G 开路时,阳极 A 和阴极 K 间的电压正向连接时也不导通;第四是当给控制极 G 加上正向电流,给阴极 K 和阳极 A 加上正向电压时,可控硅导通,当把控制极电流去掉时,其仍处于导通状态。

用万用表的欧姆挡测量可控硅的极间电阻,就可对前 3 个方面其质量好坏进行判断。具体方法是用万用表 $R \times 1$ k 或 $R \times 10$ k 挡测阴极和阳极之间的正、反向电阻(控制极 G 不接电压),此时两个阻值均很大。电阻值越大,表明其正、反向漏电电流越小。如果测得的阻值很低,或近于 ∞,说明可控硅已经击穿短路或开路,已不能再使用了。

用万用表 $R \times 1$ k 或 $R \times 10$ k 挡测阳极 A 和控制极 G 之间的电阻,可控硅正、反向测量阻值均应在几百千欧以上。

用万用表 $R \times 1$ k 或 $R \times 100$ 挡测控制极 G 和阴极 K 之间的 PN 结的正、反向电阻,其阻值应在几千欧,如出现正向电阻阻值接近于 0 或为 ∞,则表明控制极 G 和阴极 K 之间的 PN 结已经损坏。可控硅反向阻值应很大,但不能为 ∞。正常情况是可控硅的反向阻值明显大于其正向阻值。

选择万用表 $R \times 1$ k 挡,将黑表笔接阳极 A,红表笔仍接阴极 K,此时万用表指针应不动。若红表笔接阴极 K 不动,黑表笔在不脱开阳极 A 的同时用表笔尖去瞬间短接控制极 G,则此时万用表指针应向右偏转,其阻值为 10 Ω 左右。如果阳极 A 接黑表笔,阴极 K 接红表笔，则万用表指针发生偏转，说明该可控硅已击穿损坏。

4. 可控硅的扩展——双向可控硅

双向可控硅具有两个方向的轮流导通、关断的特性，它实质上是两个反并联的单向可控硅，是由 5 层半导体形成 4 个 PN 结，同时有 3 个电极的半导体元件。由于其主电极的构造是对称的（都从 N 层引出），因此它的电极不像单向可控硅那样分别称为阳极 A 和阴极 K，而是把与控制极 G 相近的称为第一电极 T1，另一个称为第二电极 T2。双向可控硅的主要缺点是承受电压上升率的能力较低，因为其在一个方向导通结束时，硅片在各层中的载流子还没有回到截止状态的位置，必须采取相应的保护措施。双向可控硅元件主要用于交流控制电路，如温度控制、灯光控制、防爆交流开关以及直流电动机调速和换向等电路。

5. 单、双向可控硅的判别

单向可控硅和双向可控硅都是 3 个电极。单向可控硅有阴极 K、阳极 A、控制极 G。双向可控硅等效于两只单向可控硅反向并联而成，即其中一只单向硅阳极 A 与另一只阴极 K 相连，其引出端称为 T1；其中一只单向硅阴极 K 与另一只阳极 A 相连，其引出端称为 T2，剩下一端则称为控制极 G。

先用万用表任测双向可控硅的两个极 T1、T2，若正、反测指针均不动（$R \times 1\text{k}$ 挡），则可能是阳极 A、阴极 K 或控制极 G、阳极 A（对单向可控硅），也可能是引出端 T2、T1 或引出端 T2、控制极 G（对双向可控硅）。若其中有一次测量值为几十至几百欧，则必为单向可控硅，且红表笔所接为阴极 K，黑表笔所接为控制极 G，剩下即为阳极 A。若正、反向测值均为几十至几百欧，则必为双向可控硅，此时再用万用表 $R \times 1\text{k}$ 或 $R \times 10\text{k}$ 挡复测，其中必有一次阻值稍大，则稍大的一次红表笔接的为控制极 G，黑表笔接的为引出端 T1，余下是引出端 T2。

6. 可控硅性能的差别

将万用表旋钮拨至 $R \times 1\text{k}$ 挡，对于 1~6 A 的单向可控硅，红表笔接阴极 K，黑表笔同时接通控制极 G、阳极 A，在保持黑表笔不脱离阳极 A 状态下断开控制极 G，指针应指示几十欧至一百欧。此时，单向可控硅已被触发，且触发电压低（或触发电流小）。然后，瞬时断开阳极 A 再接通，指针应退回 ∞ 位置，则表明单向可控硅良好。

对于 1~6 A 的双向可控硅，万用表红表笔接引出端 T1，黑表笔同时接控制极 G、引出端 T2，在保证黑表笔不脱离引出端 T2 的前提下断开控制极 G，指针应指示为几十至一百多欧（视双向可控硅电流大小、厂家不同而异）。然后，将两表笔对调，重复上述步骤测一次，若万用表指针指示比上一次还要稍大十几至几十欧，则表明双向可控硅良好，且触发电压低（或触发电流小）。

当保持接通阳极 A 或引出端 T2 时断开控制极 G，万用表指针立即退回 ∞ 位置，则说明可控硅触发电流太大或损坏。可用继电器驱动电路的方法进一步测量。对于单向可控硅，若闭合开关,灯发亮,断开开关,灯仍不熄灭,则说明其良好;反之,说明该器件损坏。对于双向可控硅,闭合开关,灯发亮,断开开关,灯仍不熄灭,然后将电池反接,重复上述步骤,若均是同一结果,则说明其良好;反之,说明该器件已损坏。

五、任务实施

(一)制作(焊接)电路

1. 项目内容

制作一个声光控延时开关。

2. 工具、器材及设备

电烙铁、烙铁架、焊锡、松香、镊子、尖嘴钳、斜口钳、示波器、数字万用表、函数发生器。

3. 元件清单

声光控延时开关电路元件清单如表 5-4 所示。

表 5-4 声光控开关电路元件清单

元件名称	型号、规格	数量	备注
光敏电阻		1个	
驻极体传声器		1个	
IC	CD4011	1个	
电阻	47 kΩ	2个	
电阻	4.7 kΩ	1个	
电阻	1 MΩ	2个	
电阻	100 kΩ	1个	
电阻	10 kΩ	1个	
电阻	68 kΩ	1个	
二极管	IN4148	1个	
二极管	IN4007	5个	
100 MF/25 V 电解电容	100 μF	1个	
MCR100-6	222P	1个	

元件名称	型号、规格	数量	备注
9013 晶体管	223 pF	1 个	
103 瓷片电容	104 pF	2 个	
22MF/25 V 电解电容	224 μF	1 个	

4. 焊接电路

根据所学内容自行完成。

（二）调试电路

1. C_3 的作用

由于 C 单元电压放大倍数很大，很容易形成自激，因此输出端并联电容 C_3 滤除高频信号、防止自激。

图 5-20 是 C_3 开路时 C 单元输入 / 输出波形（时基挡为 100 ns，显示的是高频信号）。

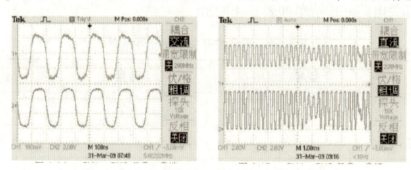

图 5-20　C_3 开路时 C 单元输入 / 输出波形

2. 声控失效

电路板声控失效具体表现为无论声音多大灯都不能点亮，这种故障的原因一般有以下几种情况：

1）电阻 R_1 虚焊。

2）驻极体传声器插反。

3）电阻 R_4 误焊成 82 kΩ。

前两种故障比较容易理解，也比较容易解决。为什么第三种情况也不行呢？

吹口哨时测量①端、⑩端。声音电压信号已足够大，上下都达到削顶的程度，即使这样也不能引起 A 单元翻转，这说明①端波谷位置的电压（大约 2.4 V）高于与非门的翻转阈值，因此才造成如此尴尬的情形。

解决方案：减小 R_4 电阻以降低①端静态电压，即把 82 kΩ 改成 68 kΩ。

3. 光控失效

有光照射到光敏电阻 R_g 的情况下有声音响时灯就会亮。

根据前面的分析：当有光照射到光敏电阻时，D 单元锁定⑪端为高电平、继而钳位①端电压于高电平，此时无论⑩端的状态如何都不会影响①端电压，因此灯是不会亮的。

那么部分同学的电路板为什么会出现这种故障呢？实测发现这种故障的板 D 单元输出波形不是稳定的高电平，而是周期不定的脉冲。于是我们想象：当⑩端为低电平时，一旦有声响①端电压就会拉低，促使 A 单元翻转，如图 5-21 所示，在⑩端为低电平时声响放大后作用于 A 单元翻转、③端输出高电平。

我们疑问：有光照射到光敏电阻时⑫端电压较低、视为逻辑"0"，⑪端输出逻辑"1"，即⑪端应该为稳定的高电平，为什么会出现"非高非低"的不稳定状态呢？

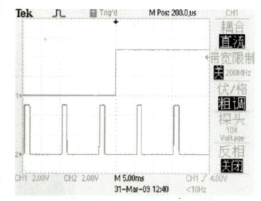

图 5-21 A 单元翻转输出波形

深入查找发现出现此类故障的电路板，光敏电阻亮电阻约为 36 kΩ。于是，问题就比较清楚了：因为 R_3 才 47 kΩ，它与光敏电阻的亮电阻分压"非高非低"，即 D 单元输入处于翻转阀门的临界状态，所以它就会输出无规律的脉冲信号。

更为精细的实验测试发现，当手离开光敏电阻 20~30 cm 遮挡照射光敏电阻的灯光时，⑩端脉冲的宽度也随之改变，遮挡愈多脉冲愈窄；若用强光照射光敏电阻，⑩端将会变为稳定的高电平。

解决方案：把 R_3 更改为 100 kΩ，光控失效问题随之解决。

4. 灯常亮

无光照射到光敏电阻的情况下，无论有没声音响灯都会亮。

仔细观察这种故障会发现灯亮了一段时间后会瞬间熄灭一下，然后又亮起来。在无声的情况下这种故障现象会周期性出现。图 5-22 是③端和⑩端电压波形。

根据故障现象和波形图我们能推演如下：由于在无声的情况下⑩端输出规则的方波信号，说明音频电压放大的倍数很大，这个信号会很容易地引起 A 单元触发，并使 B 单元翻转使 A 单元自锁。一段时间后自锁解除，②端恢复为"1"，若此时①端恰巧也为"1"，则③端输出"0"——灯亮了一段时间熄灭，紧接又在随后的①端为"0"时再次触发 Q1 导通——灯亮了一段时间熄灭，然后又亮起来。

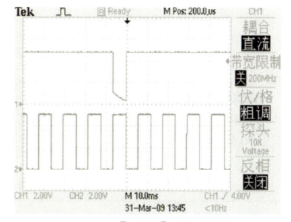

图 5-22 ③端和⑩端电压波形

为什么同样的参数有的电路板不会出现这种故障呢？原来出现这种故障现象的电路板上装的集成电路是 HEF4011——令人意想不到集成电路还有此种差别。

说明若采用 HEF4011，供电电阻 R_6 要减小到 20 kΩ 且功率为 1/2 W，否则 VCC 只有约 3.6 V——这表明 HEF4011 耗电电流比 CD4011 大。

调试完成后的电路板如图 5-23 所示。

图 5-23　调试完成后的电路板

六、任务评价

对本任务的知识掌握与技能运用情况进行测评，完成表 5-5。

表 5-5　任务测评表

测评项目	测评内容	自我评价	教师评价
基本素养（30 分）	无迟到、无早退、无旷课（10 分）		
	团结协作能力、沟通能力（10 分）		
	安全规范操作（10 分）		
知识掌握与技能运用（70 分）	正确说出声光控开关的电路结构（10 分）		
	正确说出声光控开关的工作原理（10 分）		
	正确设计声光控开关电路（10 分）		
	正确使用光敏电阻、单向可控硅和驻极体传声器（20 分）		
	正确完成声光控开关的制作（20 分）		
综合评价			

七、任务扩展

（一）实验目的

1) 巩固 CD4011 的内部电路工作原理，掌握其外围电路的设计与性能参数的测试方法。
2) 掌握声光控开关电路的设计方法。

（二）实验内容

利用 CD4011 制作一个声光控楼道灯。

（三）实验原理及实验电路说明

声光控楼道灯是利用声波和光源作为控制源的新型智能灯，它避免了烦琐的人工开灯，同时具有自动延时熄灭的功能，因此更加节能，且无机械触电、无火花、使用寿命长，广泛应用于各种建筑的楼梯过道、洗手间等公共场所。声光控楼道灯电路原理图如图 5-24 所示。

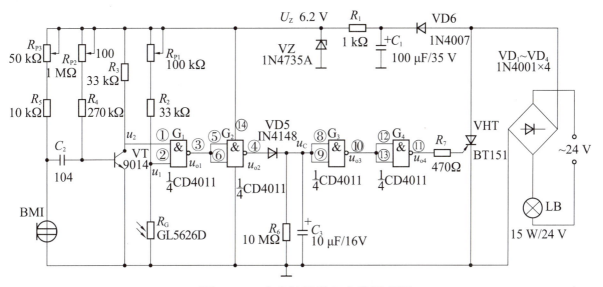

图 5-24　声光控楼道灯电路原理图

（四）实验设备及所需元件

声光控楼道灯电路元件清单如表 5-6 所示。

表 5-6　声光控楼道灯电路元件清单

元件名称	型号、规格	数量	备注
电解电容	100 μF	1个	
贴片电容	104	1个	
电解电容	10 μF	1个	

续表

元件名称	型号、规格	数量	备注
电阻	1 kΩ	1个	
电阻	33 kΩ	2个	
电阻	270 kΩ	1个	
电阻	10 kΩ	1个	
电阻	10 MΩ	1个	
电阻	470 Ω	1个	
光敏电阻		1个	
微调电阻	100 kΩ	1个	
微调电阻	1 MΩ	1个	
微调电阻	50 kΩ	1个	
稳压二极管	IN4735A	1个	
整流桥堆	2W10	1个	
晶体管	9014	1个	
晶闸管	BT151	1个	
IC	CD4011	1个	
二极管	IN4148、IN4007	各1个	
灯和灯座	AC 24 V	1个	
传声器		1个	

（五）实验步骤

1）按图 5-24 焊接好电路，声光控楼道灯实物图如图 5-25 所示。PCB 上印有各类元件丝印标识，请对照丝印标识焊接；电阻不分方向，但有不同阻值，焊接时请注意区分；电解电容分正、负极，长脚为正（+），短脚为负（-）；焊接时注意对应 PCB 上的丝印方向；将电源线连接至接线座时，注意区分正、负极，不要接反；芯片注意方向。

2）电路调试时先将光敏电阻严实罩住，用手拍驻极体，这时灯应亮；若光敏电阻被光照射，再用手重拍驻极体，这时灯不亮，说明光敏电阻完好。若不成功，则仔细检查有无虚假错焊和拖锡短路现象。

（六）实验报告要求

1）总结在测试中出现的故障原因，并对故障进行分析。

2）撰写实验报告。

图 5-25 声光控楼道灯实物图

任务六
组合逻辑电路的设计与制作

数字电路根据逻辑功能的特点不同,可以分成两大类,一类称为组合逻辑电路(简称组合电路),另一类称为时序逻辑电路(简称时序电路)。组合逻辑电路在逻辑功能上的特点是任意时刻的输出仅取决于该时刻的输入,与电路原来的状态无关。

常见的组合逻辑电路有裁判电路、编码器、译码器、数据选择器、数据分配器等。组合逻辑电路是由与门、或门、与非门、或非门等几种逻辑电路组合而成的。本任务通过制作一个四人表决器来介绍组合逻辑电路。

一、任务描述

设计并制作一个四人表决器电路。要求按少数服从多数规则,当3人或3人以上同意,则表决通过。利用绿、红两种颜色灯代表表决是否通过,并用数码管显示同意人数。用门电路或中规模集成电路译码器、数选器、加法器等完成控制任务。

二、任务目标

1. 素质目标

1)培养分析、设计组合逻辑电路的能力。
2)增强运用所学知识解决实际问题的能力。
3)提升多元环境下的团队协作能力和沟通能力。

2. 知识目标

1)了解组合逻辑电路的工作特性。
2)掌握组合逻辑电路的设计步骤,根据要求写出逻辑函数表达式、逻辑电路图、真值表。
3)掌握常见的几种组合逻辑电路。
4)熟悉74LS138、74LS48、数码管的功能及应用。

3. 技能目标

1）能够根据任务描述设计组合逻辑电路。
2）能够正确选择制作组合逻辑电路所需要的元件。
3）能够完成电路的焊接与调试。

三、任务分析

（一）组合逻辑逻辑电路

1. 组合逻辑电路的特点

在数字电路理论中，组合逻辑电路是一种逻辑电路，其任一时刻的稳态输出，仅与该时刻的输入变量的取值有关，而与该时刻以前的输入变量的取值无关。这种电路与时序逻辑电路相反，时序逻辑电路的输出与其目前的输入和先前的输入有关。从电路结构来分析，组合逻辑电路由各种逻辑门组成，网络中无记忆元件，也无反馈线。

组合逻辑电路的逻辑函数为 $L_i = f(A_1, A_2, A_3, \cdots, A_n)$（$i=1, 2, 3, \cdots, m$）

其中，$A_1 \sim A_n$ 为输入变量，L_i 为输出变量。

2. 组合逻辑电路设计步骤

1）根据实际问题的逻辑关系建立真值表。
2）由真值表写出逻辑函数表达式。
3）化简逻辑函数表达式。
4）根据逻辑函数表达式画出由门电路组成的逻辑电路图。

3. 常用组合逻辑电路

常用的组合逻辑电路包括算术运算电路、编码器、译码器、数据选择器、数据分配器、数值比较器等。

（1）算术运算电路

1）半加器与全加器。

两个数相加，只求本位之和，暂不管低位送来的进位数，称之为"半加"，实现半加功能的逻辑电路称为半加器。两数相加，不仅考虑本位之和，而且也考虑低位送来的进位数，称为"全加"，实现全加功能的逻辑电路称为全加器。

2）加法器。

实现多位二进制数相加的电路称为加法器。根据进位方式的不同，可分为串行进位加法器和超前进位加法器两种。

（2）编码器

用代码表示特定信号的过程称为编码，实现编码功能的逻辑电路称为编码器。编码器的输入是被编码的信号，输出是与输入信号对应的一组二进制代码。编码器包括普通编码器和优先编码器。

（3）译码器

把二进制代码按照意愿转换为相应输出信号的过程叫译码。完成译码功能的逻辑电路称为译码器。译码器的 n 个输入和 m 个输出应满足 $2n \geq m$。译码器有二进制译码器、十进制译码器、数字显示译码器等类型。

（4）数据选择器

数据选择器是根据给定的输入地址代码，从一组输入信号中选出指定的一个信号送至输出端的组合逻辑电路，有时也将其称为多路选择器或多路调制器。

（5）数据分配器

能够将 1 个输入数据，根据需要传送到 m 个输出端中的任何一个输出端的电路，叫作数据分配器，又称为多路分配器，其逻辑功能正好与数据选择器相反。

（6）数值比较器

在数字电路中，经常需要对两个位数相同的二进制数进行比较，以判断它们的相对大小或者是否相等，用来实现这一功能的逻辑电路就称为数值比较器。

（二）任务分析

设计一个 4 人裁判表决电路，表决规则如下：

1）少数服从多数；

2）当同意和反对人数相同时，服从主裁判。

电路设计规则为同意用逻辑"1"表示，反对用逻辑"0"表示。电路输出为"0"表示决议不通过，为"1"表示决议通过。

（三）项目设计

假设裁判 4 人分别为 A、B、C、D，其中 A 为主裁判，B、C、D 为副裁判，表决结果为 Y，裁判通过输出为 1，不通过输出为 0；最终表决结果通过输出为 1，不通过输出为 0。

1. 列写真值表

根据任务分析写出任务真值表，如表 6-1 所示。

表 6-1　任务真值表

A	B	C	D	Y
0	0	0	0	0
0	0	0	1	0
0	0	1	0	0
0	0	1	1	0

续表

A	B	C	D	Y
0	1	0	0	0
0	1	0	1	0
0	1	1	0	0
0	1	1	1	1
1	0	0	0	0
1	0	0	1	1
1	0	1	0	1
1	0	1	1	1
1	1	0	0	1
1	1	0	1	1
1	1	1	0	1
1	1	1	1	1

2. 列写逻辑函数表达式

由真值表可得出逻辑函数表达式：Y=AB+AD+AC+BCD

化简逻辑表达式，即

$$Y = AB + AD + AC + BCD = \overline{\overline{AB + AD + AC + BCD}} = \overline{\overline{AB} \cdot \overline{AD} \cdot \overline{AC} \cdot \overline{BCD}}$$

3. 画出逻辑电路图

根据逻辑函数表达式，画出逻辑电路图，如图 6-1 所示。

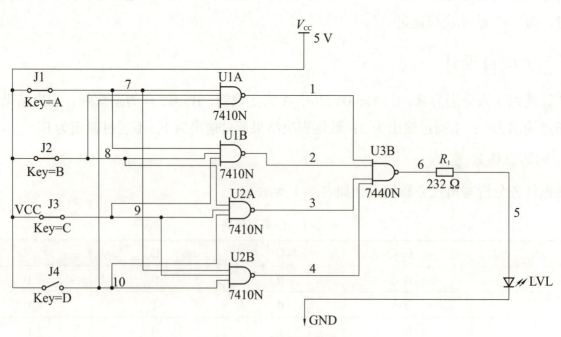

图 6-1　逻辑电路图

（四）电路设计框图

本次设计共分为 5 个部分，即投票产生、通过判定、累加器计数、译码端、LED 显示端。四人表决器电路设计框图如图 6-2 所示。在投票环节后通过与门、或门和非门完成亮灯判定；在累加器端用 4 个 74LS138 全累加器驱动；在译码部分采用 74LS47 译码器驱动；最后连接到 LED 显示器上，合并成一个总的电路图，即可设计成一个简单的四人表决器电路。

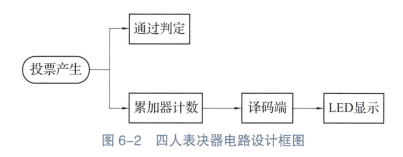

图 6-2　四人表决器电路设计框图

四、相关知识

（一）74LS138

74LS138 为 3~8 线译码器。

1. 74LS138 管脚

74LS138 管脚如图 6-3 所示。

2. 74LS138 管脚功能

A_0~A_2：地址输入端。

S_3（E_1）：选通端。

S_2（$/E_2$）、S_1（$/E_3$）：选通端（低电平有效）。

$\overline{Y}_0$~$\overline{Y}_7$：输出端（低电平有效）。

VCC：电源。

GND：接地。

图 6-3　74LS138 管脚

A_0~A_2 对应 $\overline{Y}_0$~$\overline{Y}_7$。A_0，A_1，A_2 以二进制形式输入，然后转换成十进制，对应相应 Y 的序号输出低电平，其他均为高电平。

3. 74LS138 工作原理

74LS138 共有 54/74S138 和 54/74LS138 两种线路结构型式，其工作原理如下。

1）当一个选通端（E_1）为高电平，另两个选通端（$/E_2$）和（$/E_3$）为低电平时，可将地址端（A_0、A_1、A_2）的二进制编码在 Y_0~Y_7 对应的输出端以低电平译出（即输出为 $\overline{Y}_0$~$\overline{Y}_7$）。例如，

当 $A_2A_1A_0$=110 时，则 Y_6 输出端输出低电平信号。

2）利用 E_1、E_2 和 E_3 可级联扩展成 24 线译码器。若外接一个反相器，则可级联扩展成 32 线译码器。

3）若将选通端中的一个作为数据输入端，74LS138 还可作为数据分配器。

4）可用在 8086 的译码电路中，扩展内存。

（二）74LS48

74LS48 芯片是一种常用的七段数码管译码器驱动器。

1. 74LS48 管脚

74LS48 管脚如图 6-4 所示。

2. 74LS48 管脚功能

74LS48 是输出高电平有效的译码器，其除了有实现七段显示译码器基本功能的输入（D、C、B、A）和输出（a~g）端外，还引入了灯测试输入端（$\overline{LT}$）和动态灭零输入端（$\overline{RBI}$），以及既有输入功能又有输出功能的消隐输入/动态灭零输出（$\overline{BI/RBO}$）端。

图 6-4　74LS48 管脚

3. 74LS48 工作原理

（1）七段译码功能（LT=1，RBI=1）

在灯测试输入端（LT）和动态灭零输入端（RBI）都接无效电平时，输入 DCBA 经 7448 译码，输出高电平有效的七段字符显示器的驱动信号，从而显示相应字符。除 DCBA = 0000 外，RBI 也可以接低电平，见表 6-1 中 1~16 行。

（2）消隐功能（BI=0）

BI/RBO 端作为输入端且 BI 端输入低电平信号时，无论 LT 和 RBI 输入什么电平信号，也不管输入 DCBA 为什么状态，其输出全为 0，从而七段显示器熄灭。此功能主要用于多显示器的动态显示。

（3）灯测试功能（LT = 0）

BI/RBO 端作为输出端且 LT 端输入低电平信号时，与 DCBA 输入无关，输出全为 1，显示器 7 个字段都点亮。此功能用于七段显示器测试，来判别是否有损坏的字段。

（4）动态灭零功能（LT=1，RBI=0）

BI/RBO 端也作为输出端，LT 端输入高电平信号，RBI 端输入低电平信号时，DCBA = 0000 输出全为 0，此时显示器熄灭，不显示该数。若 DCBA ≠ 0000，则对显示无影响。此功能主要用于多个七段显示器同时显示时熄灭高位的 0。

（三）LED 数码管

LED 数码管是由多个发光二极管封装在一起组成"8"字型的器件，其引线已在内部连接完成，只需引出它们的各个笔画，即公共电极。图 6-5 为数码管外形。

数码管实际上是由 7 个发光二极管组成 8 字形构成的（加上小数点就是 8 个），这些数段分别由字母 a、b、c、d、e、f、g、dp 来表示。数码管内部发光二极管的阳极连接到一起并连接到电源正极的数码管称为共阳数码管；发光二极管的阴极连接到一起并连接到电源负极的数码管称为共阴数码管。常用的 LED 数码管显示的数字和字符是 0、1、2、3、4、5、6、7、8、9。数码管内部如图 6-6 所示。

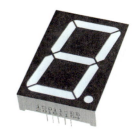

图 6-5　数码管外形

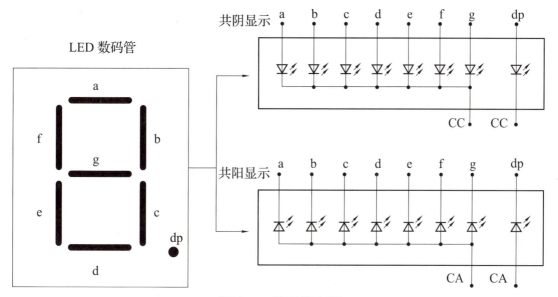

图 6-6　数码管内部

五、任务实施

（一）制作（焊接）电路

1. 项目内容

制作一个四人表决器，其电路原理图如图 6-7 所示。

2. 工具、器材及设备

电烙铁、烙铁架、焊锡、松香、镊子、尖嘴钳、斜口钳、示波器、数字万用表、函数发生器、数字逻辑实验箱、逻辑笔。

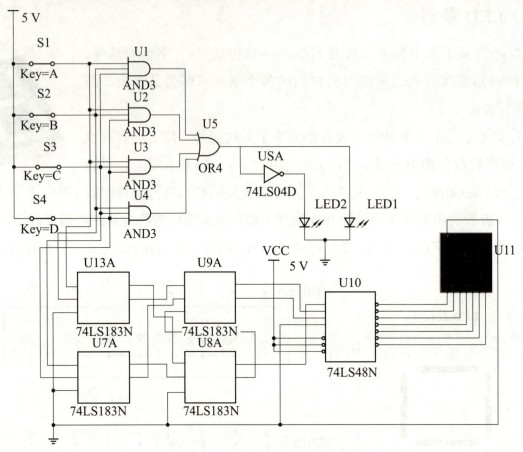

图 6-7　四人表决器电路原理图

3. 元件清单

四人表决器电路原件清单如表 6-2 所示。

表 6-2　四人表决器电路原件清单

元件名称	型号、规格	数量	备注
集成芯片	74LS183	4 个	
集成芯片	74LS48	1 个	
集成芯片	74LS04	1 个	
数码管		1 个	
按键	常开	4 个	
发光二极管		2 个	

4. 焊接电路

四人表决器实物图如图 6-8 所示，参考此图自行完成。

（二）调试电路

1）根据最终原理图焊接实物。

2）进行实物的测量与调试。

（三）记录输出结果、撰写总结报告

1）写出具体设计步骤，画出实验线路。

2）根据实验结果分析各种设计方法的优点及使用场合。

3）撰写项目总结报告。

图 6-8　四人表决器实物图

六、任务评价

对本任务的知识掌握与技能运用情况进行测评，完成表 6-3。

表 6-3　任务测评表

测评项目	测评内容	自我评价	教师评价
基本素养 （30分）	无迟到、无早退、无旷课（10分）		
	团结协作能力、沟通能力（10分）		
	安全规范操作（10分）		
知识掌握与 技能运用 （70分）	正确说出组合逻辑电路的设计步骤（10分）		
	正确说出四人表决器的工作原理（10分）		
	正确设计四人表决器电路（10分）		
	正确使用 74LS 系列芯片（20分）		
	正确制作完成四人表决器（20分）		
综合评价			

七、任务扩展

（一）实验目的

1）学习数字电路中 D 触发器、分频电路、多谐振荡器、CP 时钟脉冲源等单元电路的综合运用。

2）熟悉多路智力抢答装置的工作原理。

3）了解简单数字系统实验、调试及故障排除方法。

（二）实验内容

制作多路智力抢答装置。

（三）实验原理及实验电路说明

图 6-9 为智力抢答装置原理图。图中，F_1 为 4D 触发器 74LS175，它具有公共置 0 端和公共 CP 端，管脚排列见附录；F_2 为双 4 输入与非门 74LS20；F_3 是由 74LS00 组成的多谐振荡器；F_4 是由 74LS74 组成的四分频电路，F_3、F_4 组成抢答电路中的 CP 时钟脉冲源。当抢答开始时，由主持人清除信号，按下复位开关 S，74LS175 的输出 $Q_1 \sim Q_4$ 全为 0，所有发光二极管 LED 均熄灭；当主持人宣布"抢答开始"后，首先作出判断的参赛者立即按下开关，其对应的发光二极管被点亮，同时，通过与非门 F_2 送出信号锁住其余 3 个抢答者的电路，不再接受其他信号，直到主持人再次清除信号为止。

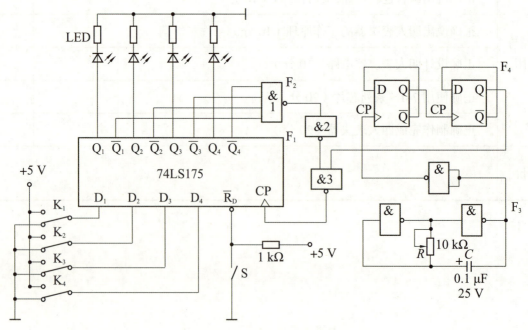

图 6-9　智力抢答装置原理图

（四）实验设备及所需元件

智力抢答装置元件清单如表 6-4 所示。

表 6-4 智力抢答装置元件清单

元件名称	型号、规格	数量	备注
集成芯片	74LS175	1 个	
集成芯片	74LS20	1 个	
集成芯片	74LS74	1 个	
集成芯片	74LS00	1 个	
发光二极管	红发红	1 个	
电阻器	1 kΩ	5 个	
电解电容器	0.1μF/25 V	4 个	
电位器	10 kΩ	1 个	
按键		5 个	
导线		若干	

（五）实验步骤

1）测试各触发器及各逻辑门的逻辑功能。

2）按图 6-9 接好线，抢答器 5 个开关分别接实验装置上的逻辑开关，发光二极管接逻辑电平显示器。智力抢答装置实物图如图 6-10 所示。

3）断开抢答器电路中 CP 脉冲源电路，单独对多谐振荡器 F_3 及分频器 F_4 进行调试，调整多谐振荡器电位器，使其输出脉冲频率约为 4 kHz，观察 F_3 及 F_4 输出波形及测试其频率。

4）测试抢答器电路功能，接通 +5 V 电源，CP 端接实验装置上的连续脉冲源，取重复频率约 1 kHz。

①抢答开始前，开关 K_1、K_2、K_3、K_4 均置"0"，准备抢答，将开关 S 置"0"，发光二极管全熄灭，再将开关 S 置"1"。抢答开始，K_1、K_2、K_3、K_4 某一开关置"1"，观察发光二极管的亮、灭情况，然后再将其他 3 个开关中任意一个置"1"，观察发光二极的亮、灭是否有改变。

②重复①的步骤，改变 K_1、K_2、K_3、K_4 任一个开关状态，观察抢答器的工作情况。

③整体测试，断开实验装置上的连续脉冲源，接入 F_3 及 F_4，再进行实验。

（六）实验报告要求

1）分析智力抢答装置各部分功能及工作原理。

2）总结数字系统的设计、调试方法。

3）撰写实验报告。

图 6-10 智力抢答装置实物图

任务七
时序逻辑电路的设计与制作

时序逻辑电路的输出不仅和当时输入的逻辑值有关，而且与电路以前曾输入过的逻辑信号有关，这类逻辑电路称为时序逻辑电路。按照时序逻辑电路的工作方式可将其分为同步时序逻辑电路和异步时序逻辑电路。时序逻辑电路通常包括组合电路和存储电路两部分，组合逻辑电路可以非常简单，而存储电路的输出必须反馈到输入端，与输入信号一起决定电路的输出状态。

数字钟就是一种典型的时序逻辑电路，本任务通过设计一个数字钟来学习时序逻辑电路。

一、任务描述

设计并制作一个数字钟，能够实时显示时、分、秒，并且具有校时、整点报时功能。电路通常包含计数器以及报时电路等若干部分。脉冲发生电路形成的秒脉冲信号，通过计数器进行计数，随后基于"时分秒"译码器实现译码，最后将时间实时显示于显示器上。当计时出现误差时，可以用校时电路校时、校分。校时电路由复位按钮构成，按下复位按钮即可产生手动脉冲，从而调节计数器，实现校时。整点报时电路则由门电路构成的判断模块来对时计时和分计时的输出进行判断，从而实现整点报时。

二、任务目标

1. 素质目标

1）培养分析、设计数字钟电路的能力。
2）养成认真、仔细、实事求是的科学态度。
3）树立安全文明生产、节能环保和产品质量意识。

2. 知识目标

1）了解时序逻辑电路的工作原理。

2）掌握时序逻辑电路的设计方法和步骤。

3）掌握数字钟的组成原理及各部分作用。

4）熟悉 555 定时器、74ALS160、CD4511、74ALS157、74HC113 的功能、作用及应用。

3. 技能目标

1）能够根据任务描述设计数字钟电路。

2）能够正确选择数字钟制作所需要的元件。

3）能够完成电路的焊接与调试。

4）能够熟练使用 555 定时器、74ALS160、CD4511、74ALS157、74HC113 等器件。

三、任务分析

本系统主要分为 6 个单元模块，分别是秒脉冲模块、秒计数模块、分计数模块、时计数模块、整点报时模块以及校时模块。其中，秒计数器、分计数器为六十进制计数器；时计数器和周计数器分别为二十四进制和七进制计数器；秒脉冲发生器是由 555 构成的多谐振荡器；报时电路是由一个 555 构成的单稳态触发器和一个 555 构成的多谐振荡器组成。校时电路则由数据选择器和单次脉冲发生器构成。各单元模块功能及相关电路的具体说明如下。

（一）秒脉冲模块

秒脉冲发生器由采用 555 定时器构成的多谐振荡器来实现。555 定时器是一种结构简单、使用方便、用途广泛的多功能电路，可产生各种脉冲。这里用 555 定时器来实现产生 1 Hz 的时钟脉冲。秒脉冲电路原理图如图 7-1 所示。

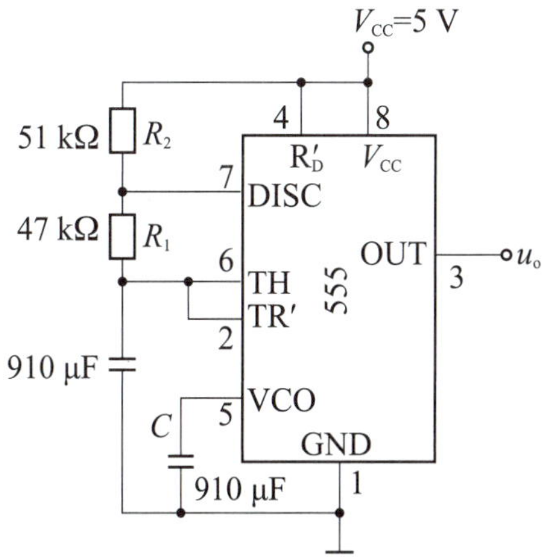

图 7-1 中 OUT 管脚为 555 的输出端，即由 555 产生的 1 Hz 脉冲由此输出至秒计数器输入端。接通电源后，电容 C 充电，当 2 管脚的电压上升到 $2/3\ V_{CC}$ 时，3 管脚输出低电平，此时电容放电，2 管脚电压下降。当 2 管脚电压下降到 $1/3\ V_{CC}$ 时，3 管脚输出高电平。电容器 C 放电所需的时间为

$$T_{PL} = R_2 C \ln 2 \approx 0.7 R_2 C$$

当放电结束时，V_{CC} 通过 R_1、R_2 向电容 C 充电，2 管脚电压由 $1/3\ V_{CC}$ 上升到 $2/3\ V_{CC}$ 所需的时间为

图 7-1 秒脉冲电路原理图

$$T_{PH} = (R_1+R_2)C\ln 2 \approx 0.7(R_1+R_2)C$$

当 2 管脚电压上升到 2/3 V_{CC} 时，电路又翻转，输出低电平。如此周而复始，在电路的输出端就得到一个周期性的矩形波。其振荡频率为

$$f = \frac{1}{T_{PH}+T_{PL}} \approx \frac{1.43}{(R_1+2R_2)C}$$

由于此处需要产生 1 Hz 的脉冲，所以由其振荡频率公式取 $C=10f$，可以计算出 $R_1=51$ kΩ，$R_2=47$ kΩ。

（二）秒计数、分计数模块

秒、分计数模块均采用 74ALS160 构成的六十进制计数器进行计数再由译码器及七段 LED 显示器构成。唯一不同的是，秒计数模块是用秒脉冲作为时钟信号，而分计数模块的时钟信号则是秒计数器的进位信号。其原理框图如图 7-2 所示。

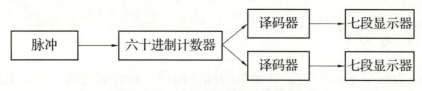

图 7-2　六十进制计数器原理框图

74ALS160 是可预置数的十进制计数器。这里是由两片 74ALS160 扩展为六十进制的计数器。六十进制计数器采用同步脉冲计数，当低位计数器计满 9 时，其进位端 RCO 输出高电平，此时高位计数器计数一次，即实现了进位。由于 74ALS160 是采用异步清零的，因此用反馈清零法将其高位的输出端 Q1 和 Q2 用与非门连接到高位的 MR 端即可实现 0~59 的计数。秒计数模块原理图、分计数模块原理图分别如图 7-3、图 7-4 所示。

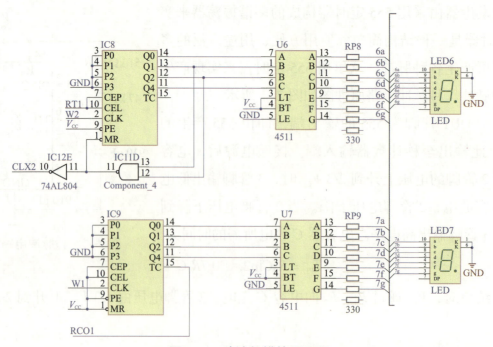

图 7-3　秒计数模块原理图

任务七 时序逻辑电路的设计与制作　117

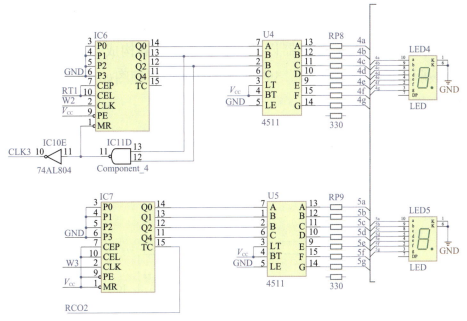

图 7-4　分计数模块原理图

（三）时计数模块

时计数模块是由采用两片 74ALS160 构成的二十四进制计数器进行计数，并由译码器及七段 LED 显示。其原理框图如图 7-5 所示。

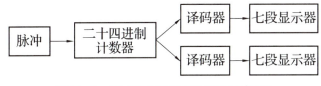

图 7-5　二十四进制计数器原理框图

与分、秒计数模块一样，时计数模块用反馈清零法将高位的输出端 Q1 和低位的输出端 Q3 用与非门连接到高位的 MR 端即可实现 0~23 的计数，至于其他的与门、与非门以及或门等是为了校时方便而加上的，它们将在后面任务进行详述。其电路设计原理图如图 7-6 所示。

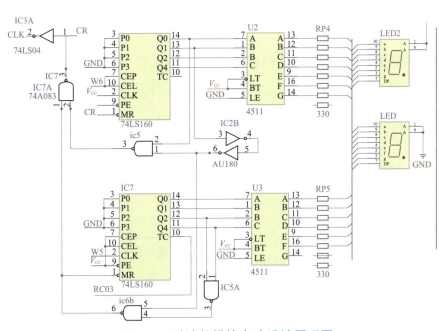

图 7-6　时计数模块电路设计原理图

（四）整点报时模块

整点报时模块由 555 单稳态触发器以及 555 多谐振荡器构成，功能是在整点时用频率为 1 000 Hz 的脉冲波驱动扬声器发声 2 s。555 多谐振荡器原理框图如图 7-7 所示。整点报时模块电路设计原理图如图 7-8 所示。

图 7-7　555 多谐振荡器原理框图

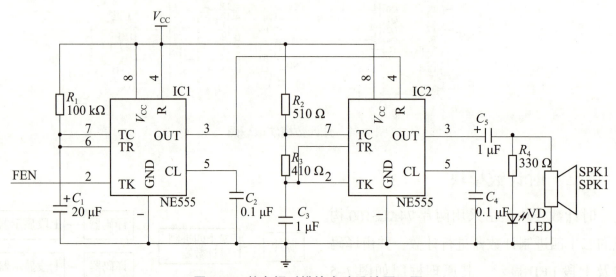

图 7-8　整点报时模块电路设计原理图

当分计数模块没有进位信号，即没有计数到 59 时，IC1 的 2 管脚输入为高电平，3 管脚输出低电平。此时，IC2 的 4 管脚为低电平，IC2 处于清零状态，其 3 管脚始终输出低电平，扬声器不发出声响。而当分计数模块有进位信号时，IC1 的 2 管脚输入为低电平，此时 IC1 具有延时功能，3 管脚将会输出时间为 T_W 的高电平。T_W 的计算公式为

$$T_W = 1.1\,R_1 C_1$$

要使 $T_W = 2$ s，根据公式可计算出 $R_1 = 100$ kΩ，$C_1 = 20$ μF。在 IC1 的 3 管脚输出高电平的这段时间内，IC2 的 4 管脚为高电平，此时 IC2 处于正常工作状态，由振荡频率公式

$$f = \frac{1}{T_{PH} + T_{PL}} \approx \frac{1.43}{(R_2 + 2R_3)C_3}$$

可以算出 $R_2 = 510$ Ω，$R_3 = 470$ Ω，$C_3 = 1$ μF，IC2 的 3 管脚输出频率为 1 000 Hz 的脉冲波驱动扬声器发声。

（五）校时模块

校时模块由数据选择器及单次脉冲发生器组成，其原理框图如图 7-9 所示，其电路设计原理图如图 7-10 所示。

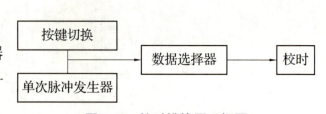

图 7-9　校时模块原理框图

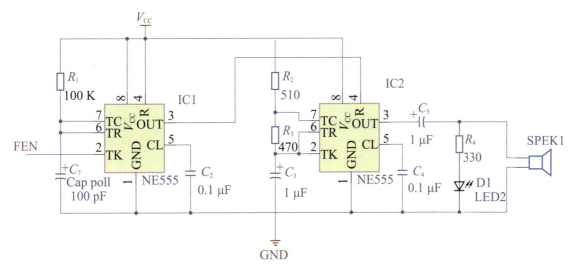

图 7-10　校时模块电路设计原理图

电路通过按键改变 JK 触发器的输出状态，其输出状态控制数据选择器 74ALS157 使能端 EN，当 EN 为低电平时，选通 A 路信号；当 EN 为高电平时，选通 B 路信号。将 A、B 路信号分别接上单次脉冲和各计数模块的进位信号，这样便可实现在自动计时和校时两个状态间的相互切换。单次脉冲发生器则由简单的按键电路产生，设置了 7 个按键可以对时、分、秒的十位和各位分别进行校准，快捷方便。

四、相关知识

（一）555 器件介绍

555 定时器内部结构如图 7-11 所示。

由图可以看出，555 定时器由两个电压比较器 C_1 和 C_2，一个基本 RS 触发器和一个集电极开路的放电晶体管 VT 三部分构成。

V_{I1} 是比较器 C_1 的反相输入端，也称阈值端，用 TH 表示。V_{I2} 是比较器 C_2 的同相输入端，也称触发端，用 TR 表示。V_{R1} 和 V_{R2} 是 C_1 和 C_2 的基准电压，V_{CO} 是控制电压输入端，当 V_{CO} 悬空时，$V_{R1}=2/3\ V_{CC}$，$V_{R2}=1/3\ V_{CC}$。当 V_{CO} 接固定电压时，$V_{R1}=V_{CO}$，$V_{R2}=1/2\ V_{CO}$。$\overline{R_D}$ 是清零端，当 $\overline{R_D}=0$ 时，$V_O=0$；当 $\overline{R_D}=1$ 时，电路处于工作状态。

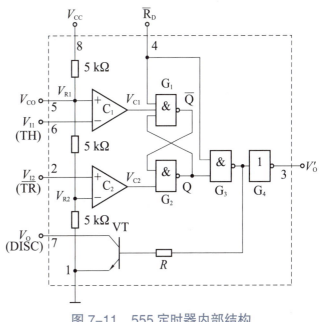

图 7-11　555 定时器内部结构

555 定时器的逻辑功能主要取决于比较器 C_1、C_2 的工作状态。在无外加控制电压 V_{CO} 的情况下：

当 $V_{I1} > V_{R1}$，$V_{I2} > V_{R2}$ 时，比较器输出 $V_{C1}=0$，$V_{C2}=1$，触发器置 0，使定时器输出 $V_O=0$，同时晶体管 VT 导通；

当 $V_{I1} < V_{R1}$，$V_{I2} < V_{R2}$ 时，比较器输出 $V_{C1}=1$，$V_{C2}=0$，触发器置 1，使定时器输出 $V_O=1$，同时晶体管 VT 截止；

当 $V_{I1} < V_{R1}$，$V_{I2} > V_{R2}$ 时，比较器输出 $V_{C1}=1$，$V_{C2}=1$，触发器维持原状态不变。

根据以上分析，可得到 555 定时器功能状态表，如表 7-1 所示。

表 7-1 555 定时器功能状态表

输入			输出	
$\overline{R_D}$	V_{I1}	V_{I2}	V_O	VT 状态
0	X	X	低	导通
1	$> \frac{2}{3} V_{CC}$	$> \frac{1}{3} V_{CC}$	低	导通
1	$< \frac{2}{3} V_{CC}$	$> \frac{1}{3} V_{CC}$	不变	不变
1	$< \frac{2}{3} V_{CC}$	$< \frac{1}{3} V_{CC}$	高	截止
1	$> \frac{2}{3} V_{CC}$	$< \frac{1}{3} V_{CC}$	高	截止

注：X 表示 0 和 1 都行，下同。

为了提高电路的负载能力，在输出端接缓冲器 G4。VT 与 R 接成的反相输出端 V_O' 与 V_O 在高、低电平状态上完全相同。

（二）74ALS160 器件介绍

74ALS160 是可预置数的十进制同步计数器，其管脚如图 7-12 所示。

74ALS160 各管脚功能介绍如下。

RCO：进位输出端，计数满 9 时为 1，其余状态为 0。

ENT、ENP：计数控制端，两者均为 1，正常计数；只要当其中一个为 0 时，计数器工作在保持状态。

CLK：时钟输入端，上升沿有效。

$\overline{LOAD}$：同步并行置数控制端，低电平有效。

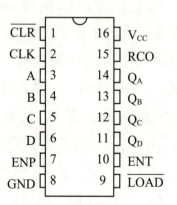

图 7-12 74ALS160 管脚

$\overline{CLR}$：异步清零输入端，低电平有效。

74ALS160 具有超前进位功能，当计数溢出时，进位输出端 RCO 输出一个高电平脉冲，其宽度为 AQ 的高电平部分，其功能状态表如表 7-2 所示。74ALS160 加上各种门电路可以构成任意的 N 位计数器。

表 7-2 74ALS160 功能状态表

CLK	$\overline{CLR}$	$\overline{LOAD}$	ENP	ENT	工作状态
X	0	X	X	X	清零
上升沿	1	0	X	X	预置数
X	1	1	0	1	保持
X	1	1	X	0	保持（输出 0）
上升沿	1	1	1	1	计数

（三）CD4511 器件介绍

CD4511 管脚如图 7-13 所示。

CD4511 是一个用于驱动共阴极 LED（数码管）显示器的七段译码器，是具有 BCD 转换、消隐和锁存控制、七段译码及驱动功能的 CMOS 电路。它能提供较大的上拉电流，可直接驱动 LED 显示器。

CD4511 各管脚功能介绍如下。

A_3、A_2、A_1、A_4：8421BCD 码输入端。

LT：测试输入端；当 LT=0 时，译码输出全为 1，七段均发亮，显示"8"，可以用来检测数码管是否损坏。

图 7-13 CD4511 管脚

BI：消隐输入控制端；当 LT=1，BI=0 时，译码输出全为 0，数码管的每一段均处于熄灭（消隐）状态，不显示数字。

LE：锁定控制端；当 LE=0 时，允许译码输出；当 LE=1 时，译码器为锁定（保持）状态，其输出被保持在 LE=0 时的数值。

表 7-3 为 CD4511 的真值表。CD4511 内接有上拉电阻，故只需在其输出端与数码管段之间串入限流电阻即可工作。该译码器还具有拒伪码功能，当输入码超过 1001 时，输出全为 0，数码管熄灭。

表 7-3 CD4511 的真值表

输入							输出							显示字形
LE	$\overline{BI}$	$\overline{LT}$	A_3	A_2	A_1	A_4	Y_a	Y_b	Y_c	Y_d	Y_e	Y_f	Y_g	
X	X	0	X	X	X	X	1	1	1	1	1	1	1	8
X	0	1	X	X	X	X	0	0	0	0	0	0	0	消隐
0	1	1	0	0	0	0	1	1	1	1	1	1	0	0
0	1	1	0	0	0	1	0	1	1	0	0	0	0	1
0	1	1	0	0	1	0	1	1	0	1	1	0	1	2
0	1	1	0	0	1	1	1	1	1	1	0	0	1	3
0	1	1	0	1	0	0	0	1	1	0	0	1	1	4
0	1	1	0	1	0	1	1	0	1	1	0	1	1	5
0	1	1	0	1	1	0	0	0	1	1	1	1	1	6
0	1	1	0	1	1	1	1	1	1	0	0	0	0	7
0	1	1	1	0	0	0	1	1	1	1	1	1	1	8
0	1	1	1	0	0	1	1	1	1	0	0	1	1	9
0	1	1	1	0	1	0	0	0	0	0	0	0	0	消隐
0	1	1	1	0	1	1	0	0	0	0	0	0	0	消隐
0	1	1	1	1	0	0	0	0	0	0	0	0	0	消隐
0	1	1	1	1	0	1	0	0	0	0	0	0	0	消隐
0	1	1	1	1	1	0	0	0	0	0	0	0	0	消隐
0	1	1	1	1	1	1	0	0	0	0	0	0	0	消隐
1	1	1	X	X	X	X								锁存

8421 BCD 码对应的数码管显示图形如图 7-14 所示。

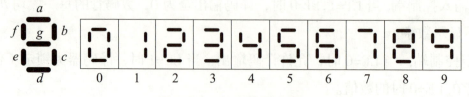

图 7-14 数码管显示图形

（四）74ALS157 器件介绍

74ALS157 是四路的二选一数据选择器，其管脚如图 7-15 所示，其功能状态表如表 7-4 所示。其中，E 为工作控制端，当 E=0 时，芯片正常工作；当 E=1 时，输出全为 0。S 为使能端，当 S=0 时，选通 I0 路；当 S=1 时，选通 I1 路。

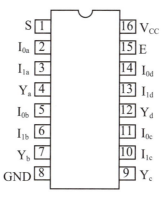

图 7-15　74ALS157 管脚

表 7-4　74ALS157 功能状态表

输入				输出
E	S	I_{0n}	I_{1n}	Y_n
1	X	X	X	0
0	0	0	X	0
0	0	1	X	1
0	1	X	0	0
0	1	X	1	1

（五）74HC113 器件介绍

74HC113 是两路 JK 触发器，其管脚如图 7-16 所示，其功能状态表如表 7-5 所示。

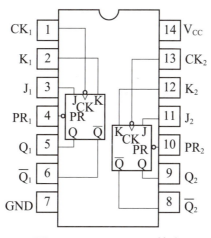

图 7-16　74HC113 管脚

表 7-5　74HC113 功能状态表

输入				输出	
PR	CLK	J	K	Q	$\overline{Q}$
0	X	X	X	1	0
1	后沿	0	0	保持	
1	后沿	0	1	0	1
1	后沿	1	0	1	0
1	后沿	1	1	翻转	
1	1	X	X	保持	
1	0	X	X	保持	
1	前沿	X	X	保持	

此外，74ALS04 是六组一输入非门，74ALS00 是四组二输入与非门，74AS10 为三组三输入与非门，74AS08 为四组二输入与门，74ALS32 是四组二输入或门。

五、任务实施

（一）制作（焊接）电路

1. 项目内容

制作一个数字钟，其电路原理图如图 7-17 所示。

2. 工具、器材及设备

电烙铁、烙铁架、焊锡、松香、镊子、尖嘴钳、斜口钳、示波器、数字万用表、函数发生器。

3. 元件清单

数字钟制作元件清单如表 7-6 所示。

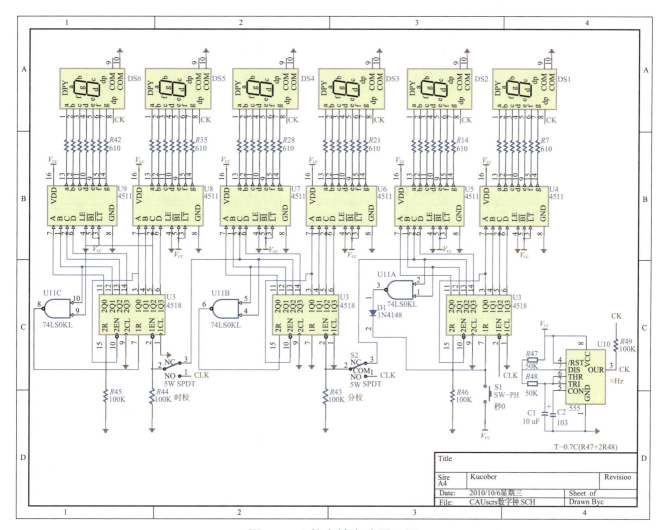

图 7-17 数字钟电路原理图

表 7-6 数字钟制作元件清单

元件名称	型号、规格	数量	备注
集成芯片	74ALS160	7个	
集成芯片	CD4511	7个	
集成芯片	74ALS157	3个	
集成芯片	74HC113	3个	
集成芯片	NE555	3个	
集成芯片	74ALS04	1个	
集成芯片	74ALS00	1个	
集成芯片	74AS10	1个	
集成芯片	74AS08	1个	
集成芯片	74ALS32	1个	
电阻	100 kΩ	1个	

续表

元件名称	型号、规格	数量	备注
电阻	51 kΩ	1个	
电阻	47 kΩ	1个	
电阻	2 kΩ	1个	
电阻	510 Ω	1个	
电阻	470 Ω	1个	
电阻	330 Ω	若干	
电容	10 μF	2个	
电容	1 μF	2个	
电容	0.1 μF	4个	
数码管	7 段 LED	6个	
发光二极管	红发红	4个	
扬声器		1个	

4. 焊接电路

数字钟实物图如图 7-18 所示,参考此图自行完成。

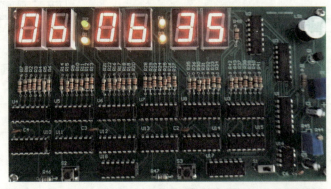

图 7-18　数字钟实物图

（二）调试电路

1）根据最终原理图焊接出来实物。

2）进行实物的测量与调试。

（三）记录输出结果、撰写总结报告

1）实验记录和调试。

2）撰写项目总结报告。

六、任务评价

对本任务的知识掌握与技能运用情况进行测评,完成表 7-7。

表 7-7 任务测评表

测评项目	测评内容	自我评价	教师评价
基本素养 (30 分)	无迟到、无早退、无旷课(10 分)		
	团结协作能力、沟通能力(10 分)		
	安全规范操作(10 分)		
知识掌握与 技能运用 (70 分)	正确说出时序电路的设计方法(10 分)		
	正确说出数字钟的组成原理及各部分作用(10 分)		
	正确说出 555 定时器的功能及应用(10 分)		
	正确说出 74ALS160、CD4511、74ALS157、74HC113 的功能(10 分)		
	正确画出数字钟电路图(10 分)		
	正确制作数字钟并调试(20 分)		
综合评价			

(一)实验目的

1)了解计数器电路工作原理,掌握电路的设计与检测方法。
2)掌握时序电路的设计方法。

(二)实验内容

利用 555 定时器制作一个篮球比赛 24 s 倒计时电路。

(三)实验原理及实验电路说明

篮球比赛 24 s 倒计时电路原理图如图 7-19 所示,电路由秒脉冲发生器、计数器、译码器、显示电路和报警电路组成。计数器以 s 为单位从 24 递减到 0,最后从 0 递增至 24 暂停。当按下开始按钮时,又进入到下一次倒计时计数。

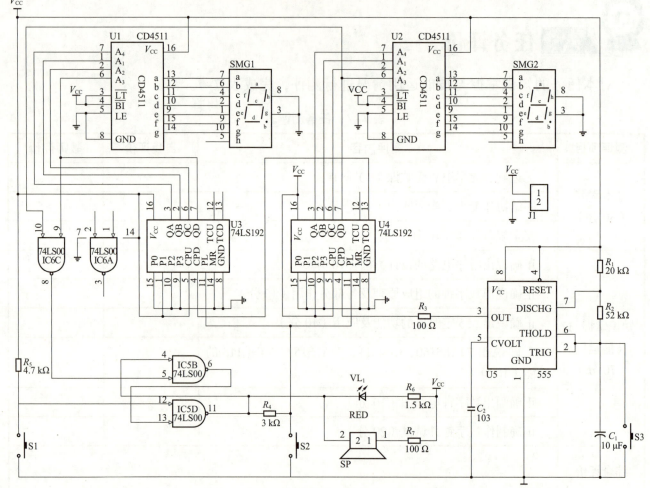

图 7-19　篮球比赛 24 s 倒计时电路原理图

（四）实验设备及所需元件

篮球比赛 24 s 倒计时电路制作元件清单如表 7-8 所示。

表 7-8　篮球比赛 24 s 倒计时电路制作元件清单

元件名称	型号、规格	数量	备注
集成芯片	74LS00	1 个	
集成芯片	CD4511	2 个	
集成芯片	74LS192	2 个	
集成芯片	NE555	1 个	
电阻	100 Ω	2 个	
电阻	3 kΩ	1 个	
电阻	20 kΩ	1 个	
电阻	1.5 kΩ	1 个	
电阻	52 kΩ	1 个	

续表

元件名称	型号、规格	数量	备注
电阻	4.7 kΩ	1个	
电容	103 μF	1个	
电容	10 μF	1个	
数码管	共阴极	2个	
发光二极管	红发红	1个	
扬声器	5 V 有源	1个	

（五）实验步骤

1）按图 7-19 焊接好电路，篮球比赛 24 s 倒计时实物图如图 7-20 所示。

2）开始：启动按键，倒计时结束后，按下此键，计数器开始递减计数。

3）复位：当按下此键时，不管处于什么工作状态，计数器立即复位到预置的 24 s 数值。

4）暂停：当此键被一直按下时，计数器暂停计数，松开此键后，计时继续。

如果蜂鸣器小声或者不响，则可以直接用剪掉的管脚短路焊接 R_7 即可解决。上电可能会乱显示，按下复位键即可。

图 7-20　篮球比赛 24 s 倒计时实物图

（六）实验报告要求

1）总结在测试中出现的故障原因，并对故障进行分析。

2）撰写实验报告。

任务八 函数信号发生器的设计与制作

各种电器设备要正常工作，常常需要各种波形信号的支持。电器设备中常用的信号有正弦波、矩形波、三角波和锯齿波等。在电器设备中，这些信号是由波形产生和变换电路来提供的。波形产生电路是一种不需外加激励信号就能将直流能量转化成具有一定频率、一定幅度和一定波形的交流能量输出电路，又称为振荡器或波形发生器。

在生产实践和科技领域中波形发生器有着广泛的应用。各种波形曲线均可以用三角函数方程式来表示。能够产生多种波形，如三角波、锯齿波、矩形波（含方波）、正弦波的电路被称为函数信号发生器。波形发生器通过与波形变换电路相结合，能产生正弦波、矩形波、三角波和阶梯波等各种波形，同时能满足现代测量、通信、自动控制和热加工、音/视频设备及数字系统等对各种信号源的需求。例如，在通信、广播、电视系统中，都需要射频（高频）发射，这里的射频波就是载波，如果把音频（低频）、视频信号或脉冲信号运载出去，则需要能够产生高频的振荡器。在工业、农业、生物医学等领域内，如高频感应加热、熔炼、淬火、超声诊断、核磁共振成像等，都需要功率或大或小、频率或高或低的振荡器。

一、任务描述

设计并制作一个能够产生多种波形（正弦波、方波、三角波等）的函数信号发生器，频率范围为 10 Hz~450 kHz。例如，可先产生正弦波，根据周期性的非正弦波与正弦波所呈的某种确定的函数关系，再通过整形电路将正弦波转化为方波，并经过积分电路将其变为三角波。也可以先产生三角波或方波，再将其转化为正弦波。

二、任务目标

1. 素质目标

1）培养分析、设计函数信号发生器电路的能力。

2）形成一定的自主学习能力。

3）养成良好的工作方法、工作作风和职业道德。

2. 知识目标

1）了解函数信号发生器的功能及特点。

2）掌握函数信号发生器的工作原理。

3）熟悉 ICL8038 的结构和工作特性。

3. 技能目标

1）能够根据任务描述设计函数信号发生器电路。

2）能够正确选择函数信号发生器制作所需要的元件。

3）能够完成电路的焊接与调试。

三、任务分析

函数信号发生器的电路中使用的器件可以是分离器件，也可以是集成器件。随着电子技术的快速发展，新材料、新器件层出不穷，函数信号发生器可选择的方案也多种多样。例如，ICL8038 就是一种技术上很成熟的，可以产生正弦波、方波、三角波的主芯片。

（一）函数信号发生器的组成

函数信号发生器一般是指能自动产生正弦波、方波、三角波等电压波形的电路或者仪器。根据任务要求设计出方波发生器、三角波发生器、正弦波发生器。

1. 方波发生器

图 8-1 为方波发生器电路原理图，其由运算放大器滞回比较器和 R_f、C 积分电路组成的，输出电压经 R_f、C 反馈到运放的反相输出端，积分电路起延迟和负反馈作用。

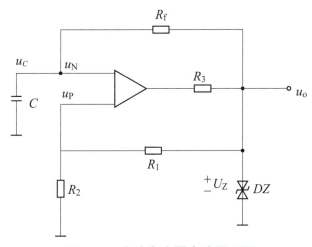

图 8-1　方波发生器电路原理图

图 8-1 的电路中，设在接通电源时，电容两端电压 $u_C=0$，输出电压 $u_o=U_Z$，则加到运放同相输出端的电压为 $u_P = \dfrac{R_2}{R_1+R_2} \cdot U_Z = FU$。其中，$F = \dfrac{R_2}{R_1+R_2}$。

此时，$u_o=U_Z$，通过 R_1 向 C 充电，从而使运放的反相输入电压 $u_N=u_C$，并由 0 逐渐上升。在 $u_N<u_P$ 之前，$u_o=U_Z$ 保持不变。在 $t=t_1$ 时刻，u_N 上升到略高于 u_P，此时 u_o 由高电平跳到低电平，即变为 $-U_Z$。

当 $u_o=-U_Z$ 时，$u_P=-FU_Z$，同时 $u_o=-U_Z$，通过 R_f 向 C 充电，从而使运放的反相输入端电压 $u_N=u_C$，并由 0 逐渐上升。在 $u_N>u_P$ 之前，$u_o=-U_Z$ 保持不变。在 $t=t_2$ 时刻，u_N 下降到略低于 u_P，u_o 由低电平跳到高电平，即变为 U_Z，又回到原始状态。如此周而复始，产生振荡，从而输出方波。

根据上述分析，可以画出 u_C 与 u_o 的输出波形，如图 8-2 所示。

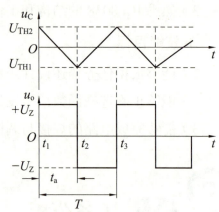

图 8-2 方波输出波形

由波形可知，u_C 从 t_1 时刻的 $R_2U_Z/(R_1+R_2)=FU_Z$ 下降到 t_2 时刻的 $-FU_Z$，再上升到 t_3 时刻的 FU_Z，所需的时间就是一个振荡周期 T。在 $t_1 \sim t_2$ 的这段时间，u_C 的变化规律满足简单 RC 电路充放电规律，其常数为 R_fC，初始值为 FU_Z（t_1 时刻），终值为 $-U_Z$（$t \to \infty$），故

$$u_C = -U_Z + [FU_Z - (-U_Z)]e^{-(t-t_1)/R_fC}$$

在 $t=t_2$，$u_C=-FU_Z$ 时，代入上式后可求得

$$t_2 - t_1 = R_fC\ln\frac{1+F}{1-F} = R_fC\ln\left(1 + \frac{2R_2}{R_1}\right)$$

同理可求得

$$t_3 - t_2 = t_2 - t_1 = R_fC\ln\left(1 + \frac{2R_2}{R_1}\right)$$

由于高、低电平所占的时间相等，故 u_o 输出的波形是方波。其振荡周期为

$$T = t_3 - t_1 = 2R_fC\ln\left(1 + \frac{2R_2}{R_1}\right)$$

若选取适当的 R_1、R_2 值，使 $F=R_2/(R_1+R_2)=0.47$，则 $T=2R_fC$，于是振荡频率为

$$f = \frac{1}{2R_fC}$$

2. 三角波发生器

根据 RC 积分电路输入和输出信号波形的关系可知，当 RC 积分电路的输入信号为方波时，其输出信号就是三角波，由此可得其频率为

$$f_o = \frac{1}{T} = \frac{1}{2R_fC}$$

利用方波信号发生器和 RC 积分电路可以组成三角波信号发生器。三角波信号发生器电路原理图如图 8-3 所示。图中的运算放大器 A_1 组成方波信号发生器，A_2 组成 RC 积分电路。该电路的工作原理是：A_1 组成的方波信号发生器输出方波信号，信号输入 A_2 和 R_4、C 等组成的积分电路，在积分电路的输出端得到三角波信号。积分电路的输出端除了输出三角波信号外，并通过电阻 R_1 将三角波信号反馈到滞回电压比较器的输入端，将三角波信号整形变换成方波信号输出。

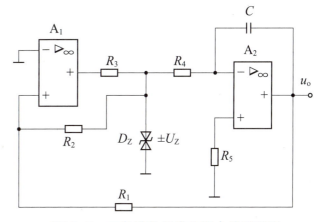

图 8-3 三角波信号发生器电路原理图

根据图 8-3 可以看出，在 $t=0$ 时，比较器 A_1 的输出电压为高电平，电容两端的电压为 0，即 u_P 略低于 $u_{o1}(0)=U_Z$，$u_C(0)=0$，则积分电路的输出电压 $u_o(0)=-u_C(0)=0$。此时，电容充电，显然

$$u_o(t_1) = -\frac{1}{R_4C}\int_0^t U_Z d_t = -\frac{U_Z}{R_4C}t$$

于是 u_o 线性下降，u_{P1} 也下降，直到 $t=t_1$ 时，u_{P1} 略低于 u_{N1}（$u_{N1}=0$），即当 u_{P1} 略低于 0 时，u_{o1} 从 U_Z 突跳到 $-U_Z$，同时 u_{P1} 也跳变到更低的值（比 0 低得多）。可见，在 $t=t_1$ 前的一瞬间，$u_{P1}=0$，$u_{o1}=U_Z$，从而流过 R_1 和 R_2 的电流相等，则 $-u_o(t_1)/R_1=U_Z/R_2$，故

$$u_o(t_1) = -\frac{R_1}{R_2}U_Z$$

在 $t=t_1$ 后，由于 $u_{o1}=-U_Z$，故电容放电，其两端电压为

$$u_C = \frac{1}{R_4C}\int_0^t (-U_Z)dt + u_C(t_1) - \frac{U_Z}{R_4C}(t-t_1)$$

因

$$u_C(t_1) = u_o(t_1) = \frac{R_1}{R_2}U_Z$$

故

$$u_o = -u_C = -\frac{R_1}{R_2}U_Z + \frac{U_Z}{R_4C}(t-t_1)$$

于是 u_o 线性上升，u_{P1} 也上升。直到 $t=t_2$ 时，u_{P1} 略大于 0，u_{o1} 从 $-U_Z$ 突跳到 U_Z。可见，在 $t=t_2$ 前的一瞬间，$u_{P1}=0$，$u_{o1}=-U_Z$，则 $-u_o(t_2)/R_1=U_Z/R_2$，故

$$u_o(t) = \frac{R_1}{R_2}U_Z$$

在 $t=t_2$ 后电路周而复始，产生振荡，从而输出三角波。

根据上述分析可以画出 u_{o1} 和 u_o 的输出波形，如图8-4所示。

其中 u_{o1} 为方波，u_o 为三角波。u_o 之所以为三角波，是由于电容充放电的时间常数相等，积分电路的输出电压 u_o 上升和下降的幅度和时间相等，而且其上升和下降的斜率的绝对值也相等。显然，三角波 u_o 的峰值为

$$U_{om} = \frac{R_2}{R_1}U_Z$$

由于 $t_2-t_1=T/2$，而当 $t_1 \leqslant t \leqslant t_2$ 时，有

$$u_o = -\frac{R_1}{R_2}U_Z + \frac{U_Z}{R_4 C}(t-t_1)$$

则

$$u_o(t_2) = -\frac{R_1}{R_2}U_Z + \frac{U_Z}{R_4 C}(t_2-t_1) = \frac{R_2}{R_1}U_Z$$

故

$$T = 2(t_2-t_1) = \frac{4R_1 R_4 C}{R_2}$$

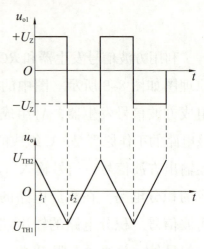

图8-4 三角波输出波形

则可以在调整三角波电路时，应先调整 R_1 或 R_2，使其峰值达到所需值，然后再调整 R_4 或 C，使频率 $f_o=1/T$ 能满足要求。

3. 正弦波发生器

正弦波发生器又称文氏电桥振荡器，其电路原理图如图8-5所示，其中 A 放大器由同相运放电路组成，电压增益为 $A_v = \dfrac{U_o}{U_d} = \left(1 + \dfrac{R_2}{R_1}\right)$。

F 网络由 RC 串、并联网络组成，由于运放的输入阻抗 R_i 很大，输出阻抗 R_o 很小，故其对 F 网络的影响可以忽略不计，则 F_v 为

$$F_v = \frac{U_f}{U_o} = \frac{\dfrac{R}{1+j\omega RC}}{R + \dfrac{1}{j\omega C} + \dfrac{R}{1+j\omega RC}} = \frac{R}{(1+j\omega RC)\left(R+\dfrac{1}{j\omega C}\right)+R} = \frac{R}{3R + j\left(\omega R^2 C - \dfrac{1}{\omega C}\right)}$$

由自激振荡条件 $T=AF=1$，有 $A_v F_v = \dfrac{A_v R}{3R + j\left(\omega R^2 C - \dfrac{1}{\omega C}\right)} = 1$，即 $\omega R^2 C - \dfrac{1}{\omega C} = 0$。因为震荡频率 $\omega = \dfrac{1}{RC}$，即 $\dfrac{A_v R}{3R} = 1$。

因此，得到震荡条件 $A_v=3$，又因为 $A_v = 1 + \dfrac{R_2}{R_1}$，所以须满足 $R_2=2R_1$。

以上分析表明：

1）文氏电桥振荡器的振荡频率 $\omega = \dfrac{1}{RC}$，由具有选频特性的 RC 串联网络决定。

2）图 8-5 中文氏电桥振荡器的起振条件为 $A_v \geq 3$，即要求放大器的电压增益大于等于 3，略大于 3 的原因是由于电路中的各种损耗，致使幅度下降而给予补偿。但如果 A_v 比 3 大得多会导致输出的正弦波波形变差。其输出波形如图 8-6 所示。

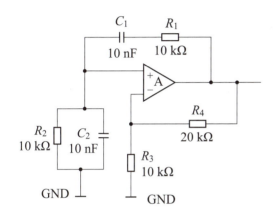

图 8-5 正弦波发生器电路原理图

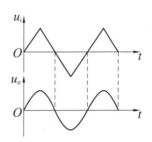

图 8-6 正弦波输出波形

四、相关知识

1. ICL8038 介绍

ICL8038 波形发生器是一个用最少的外部元件就能产生高精度的正弦波、方形波、三角波、锯齿波和脉冲波的彻底的单片集成电路。其频率（或重复频率）输出范围为 0.001 Hz~300 kHz，可以选用电阻或电容来调节，调频及扫描可以由同一个外部电压完成。ICL8038 精密函数发生器是采用肖特基势垒二极管等先进工艺制成的单片集成电路芯片，输出由温度和电源变化而决定。该芯片和锁相回路的作用，是在发生温度变化时产生低的频率漂移，最大不超过 250 ppm/℃。ICL8038 的特点如下。

1）具有在发生温度变化时产生低的频率漂移，最大不超过 250 ppm/℃。

2）正弦波输出具有低于 1% 的失真度。

3）三角波输出具有 0.1% 高线性度。

4）具有 0.001 Hz~1 MHz 的频率输出范围；工作变化周期宽。

5）占空比 2%~98% 之间任意可调；具有高的电平输出范围。

6）从 TTL 电平至 28 V。

7）具有正弦波、三角波和方波等多种函数信号输出功能。

8）易于使用，只需要很少的外部元件。

2. ICL8038 管脚作用

ICL8038 管脚如图 8-7 所示，其各管脚功能介绍如下。

管脚 1、管脚 12：正弦波失真度调节。

管脚 2：正弦波输出。

管脚 3：三角波输出。

管脚 4、管脚 5：方波的占空比调节，正弦波和三角波的对称调节。

管脚 6：正电源（$+V_{CC}$）±（10~18）V。

管脚 7：内部扫描频率调节偏置电压输入。

管脚 8：外部扫描频率调节偏置电压输入。

管脚 9：方波输出，为开路结构。

管脚 10：外接振荡电容。

管脚 11：负电源或地。

管脚 13、管脚 14：空脚（NC）。

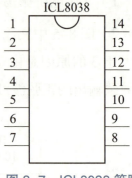

图 8-7 ICL8038 管脚

3. ICL8038 工作原理

ICL8038 是单片集成函数信号发生器，其内部原理框图如图 8-8 所示。它由恒流源 1 和 2、电压比较器 A 和 B、触发器、缓冲器、电压跟随器和三角波变正弦波电路等组成。振荡电容 C 由外部接入，其是由内部两个恒流源来完成充电和放电过程。恒流源 1 对电容器 C 连续充电，增加电容电压，从而改变比较器的输入电平，促使比较器的状态改变，带动触发器翻转实现连续控制。当触发器的状态使恒流源 2 处于关闭状态，且电容电压达到比较器 1 输入电压规定值的 2/3 倍时，比较器 1 的状态改变，从而使触发器工作状态发生翻转，将模拟开关 S 由 B 点接到 A 点。由于恒流源 2 的工作电流值为 I_2，是恒流源工作电流值 I_1 的 2 倍，故电容处于放电状态，在单位时间内电容两端电压将线性下降。当电容电压下降到比较器 2 的输入电压规定值的 1/3 倍时，比较器 2 的工作状态发生改变，

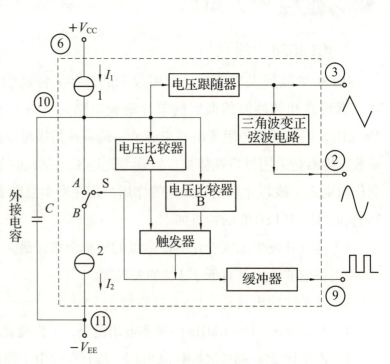

图 8-8 ICL8038 内部原理框图

使触发器又翻转回到原来的状态，这样进行周期性的循环，从而完成振荡过程。

五、任务实施

（一）制作（焊接）电路

1. 项目内容

制作一个函数信号发生器，其电路原理图如图 8-9 所示。

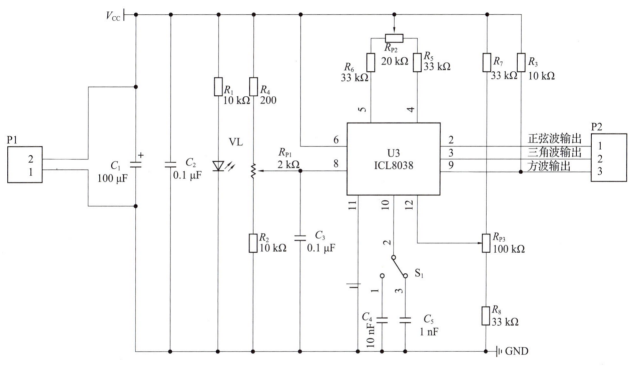

图 8-9　函数信号发生器电路原理图

2. 工具、器材及设备

电烙铁、烙铁架、焊锡、松香、镊子、尖嘴钳、斜口钳、示波器、数字万用表、函数发生器。

3. 元件清单

函数信号发生器制作元件清单如表 8-1 所示。

表 8-1　函数信号发生器制作元件清单

元件名称	型号、规格	数量	备注
集成芯片	ICL8038	1 个	
电阻	1 kΩ	5 个	
电阻	20 kΩ	1 个	

元件名称	型号、规格	数量	备注
电阻	82 kΩ	1个	
可调电阻	10 kΩ	1个	
可调电阻	2 kΩ	1个	
可调电阻	100 kΩ	1个	
瓷片电容	0.1 μF	2个	
瓷片电容	1 nF	1个	
瓷片电容	10 nF	1个	
电解电容	100 μF	1个	
独石电容	105	1个	
发光二极管	红发红	1个	

4. 焊接电路

根据图 8-9，将对应元器件焊接到电路板上。

（二）调试电路

1. 调试电路

图 8-9 中，输出的函数信号的频率调节是通过 ICL8038 的 10 管脚连接的外接电容的以及 8 管脚连接的电位器进行调节的。ICL8038 的 10 管脚外接一个波动开关，可调节外接电容的大小。当开关连接到容量小的电容时，电容充、放电所需的时间就短，发出的信号频段就高；当开关连接到容量大的电容时，电容充、放电所需的时间就长，发出的信号频段就低。而 ICL8038 的 8 管脚接的电位器则是在所在频段中调整频率。

2. 实物焊接

根据原理图焊接出来实物，其实物图如图 8-10 所示。

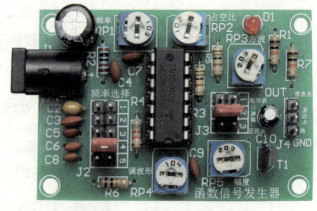

图 8-10 函数信号发生器实物图

（三）记录输出结果，撰写总结报告

记录函数信号发生器的输出波形及频率范围。

六、任务评价

对本任务的知识掌握与技能运用情况进行测评，完成表 8-2。

表 8-2 任务测评表

测评项目	测评内容	自我评价	教师评价
基本素养 （30 分）	无迟到、无早退、无旷课（10 分）		
	团结协作能力、沟通能力（10 分）		
	安全规范操作（10 分）		
知识掌握与 技能运用 （70 分）	正确说出函数信号发生器的电路组成及原理（10 分）		
	正确设计函数信号发生器电路图（10 分）		
	正确说出 ICL8038 的管脚及功能（10 分）		
	正确制作函数信号发生器（20 分）		
	正确调试出相应的波形（20 分）		
综合评价			

七、任务扩展

（一）实验目的

1）掌握函数信号发生器的设计方法。
2）学会使用 555 设计函数信号发生器。

（二）实验内容

利用 555 定时器制作一个函数信号发生器。

（三）实验原理及实验电路说明

555 函数信号发生器电路原理图如图 8-11 所示，VD_1 为防电源接反二极管，C_1 为滤波电容。NE555、R_1、R_2、C_2 构成方波发生器，信号从 NE555 的 3 管脚输出，C_3 为抗干扰电容。一路从 NE555 第 3 管脚输出的方波通过 R_3、R_4 分压，C_5 耦合，用短路块短接 J1 即可在输出端输出方波。另一路经过 C_4 耦合与 C_3 分压,并经过积分电路(R_5,C_7)形成锯齿波从 J2 输出,再经过下一级积分电路(R_6,C_8)形成三角波从 J3 输出。最后经过 R_7、C_9 通过 R_8、VT_2、R_9 组成的放大电路放大后,在 VT_2 集电极变成正弦波。R_{10}、R_{11}、VT_1 组成射极跟随放大电路,最后信号经 C_{10} 耦合 R_P 分压,从输出端输出。

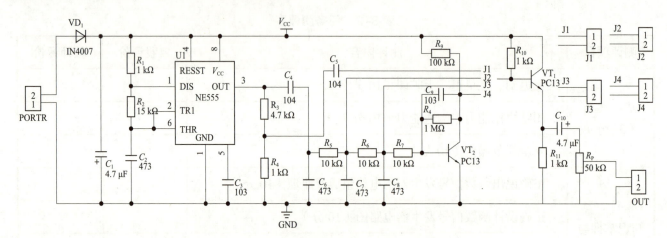

图 8-11　555 函数信号发生器电路原理图

(四)实验设备及所需元件

555 函数信号发生器制作元件清单如表 8-3 所示。

表 8-3　555 函数信号发生器制作元件清单

元件名称	型号、规格	数量	备注
集成芯片	NE555	1 个	
电阻	1 kΩ	3 个	
电阻	10 kΩ	3 个	
电阻	100 kΩ	2 个	
电阻	4.7 kΩ	1 个	
电阻	15 kΩ	1 个	
电阻	1 MΩ	1 个	
可调电阻	50 kΩ	1 个	
瓷片电容	104	4 个	
瓷片电容	103	1 个	
瓷片电容	473	4 个	
晶体管	9013	2 个	
电解电容	4.7 μF	2 个	
二极管	IN4007	1 个	

(五)实验步骤

1)按图 8-11 焊接好电路,图 8-12 为 555 函数信号发生器实物图。
2)用示波器检测电路的输出波形。

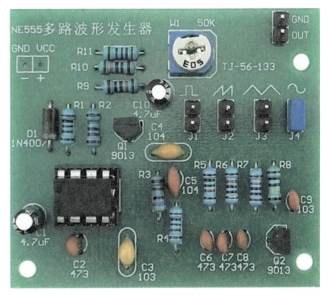

图 8-12　555 函数信号发生器实物图

(六)实验报告要求

1)总结在测试中出现的故障原因,并对故障进行分析。
2)撰写实验报告。

任务九
模/数（A/D）转换器的设计与制作

随着数字技术，特别是信息技术的飞速发展与普及，在现代控制、通信及检测等领域，为了提高系统的性能指标，人们对信号的处理普遍采用了数字计算机技术。由于系统的实际对象往往都是一些模拟量（如温度、压力、位移、图像等），要使计算机或数字仪表能识别、处理这些信号，首先必须将这些模拟信号转换成数字信号；而经计算机分析、处理后输出的数字量也往往需要将其转换为相应的模拟信号才能被执行机构所接受。因此，就需要一种能在模拟信号与数字信号之间起桥梁作用的电路——模/数（A/D）和数/模（D/A）转换器。为确保系统处理结果的精确度，A/D 转换器和 D/A 转换器必须具有足够的转换精度；如果要实现快速变化信号的实时控制与检测，A/D 转换器与 D/A 转换器还要求具有较高的转换速度。转换精度与转换速度是衡量 A/D 转换器与 D/A 转换器的重要技术指标。随着集成技术的发展，现已研制和生产出许多单片的和混合集成型的 A/D 转换器和 D/A 转换器，它们具有越来越先进的技术指标。

一、任务描述

设计并制作一个数字温度计，能够利用传感器对温度进行采集，通过温度与电压近乎线性的关系，以此来确定输出电压和相应的电流。不同的温度对应不同的电压值，将电压、电流值经过放大进入到 A/D 转换器和译码器中，再由数码管表示出来。

二、任务目标

1. 素质目标

1）培养分析、设计数字温度计的能力。
2）增强爱岗敬业、团结协作的工作精神。
3）提升自主学习能力，形成正确的学习方法。

2. 知识目标

1）了解模/数转换的过程。

2）掌握数字温度计的组成原理及各部分作用。

3）熟悉 TC7107、LM35 的功能、作用及应用。

3. 技能目标

1）能够根据任务描述设计数字温度计电路。

2）能够正确选择制作数字温度计所需要的元件。

3）能够完成电路的焊接与调试。

4）能够熟练使用 TC7107、LM35 等器件。

三、任务分析

（一）A/D 转换

1. A/D 转换的概念

A/D 转换与 D/A 转换相反，是将连续的模拟量（如象元的灰阶、电压、电流等）通过取样转换成离散的数字量。例如，对图像扫描后，形成象元列阵，把每个象元的亮度（灰阶）转换成相应的数字表示，即经 A/D 转换后，构成数字图像。通常有电子式 A/D 转换和机电式 A/D 转换两种。

信号数字化是对原始信号进行数字近似，其需要用一个时钟和一个 A/D 转换器来实现。所谓数字近似是指以 N-bit 的数字信号代码来量化表示原始信号，这种量化以 bit 为单位，可以精细到 $(1/2)^N$。时钟决定信号波形的采样速度和 A/D 转换器的变换速率。转换精度可以做到 24 bit，而采样频率也有可能高达 1 GHz，但两者不可能同时做到。通常数字位数越多，装置的速度就越慢。

2. A/D 转换的过程

A/D 转换包括采样、保持、量化和编码 4 个过程。在某些特定的时刻，对这种模拟信号进行测量叫作采样，受量化噪声及接收机噪声等因素的影响，采样速率一般为 $f_S=2.5\,f_{max}$。通常，采样脉冲的带宽是很短的，故采样输出的是断续的窄脉冲。要把一个采样输出信号数字化，需要将采样输出所得的瞬时模拟信号保持一段时间，这就是保持过程。量化是将连续幅度的抽样信号转换成离散时间、离散幅度的数字信号，量化的主要问题就是量化误差。假设噪声信号在量化电平中是均匀分布的，则量化噪声的均方值与量化间隔和 A/D 转换器的输入阻抗值有关。编码是将量化后的信号编码成二进制代码输出。A/D 转换的 4 个过程有些是合并进行的。例如，采样和保持就是利用一个电路连续完成；量化和编码也是在转换过程中同时实现的，且所用时间是保持时间的一部分。

3. A/D 转换器的主要性能参数

（1）分辨率

A/D 转换器的分辨率表明它对模拟信号的分辨能力，用来确定可以被 A/D 转换器辨别的最小模拟量的变化范围。一般来说，A/D 转换器的位数越多，其分辨率越高。实际的 A/D 转换器，通常为 8、10、12、16 位等。

（2）量化误差

A/D 转换器的量化误差是指在 A/D 转换中由于整量化产生的固有误差。量化误差在 −1/2 LSB~+1/2 LSB（最低有效位）之间。

例如：一个 8 位的 A/D 转换器，它把输入电压信号分成 256 层，若它的量程为 0~5 V，那么，量化单位 $q = 0.0195$ V=19.5 mV，正好是 A/D 转换输出的数字量中最低位 LSB=1 时所对应的电压值。因而，这个量化误差的绝对值是 A/D 转换器的分辨率和满量程范围的函数值。

（3）转换时间

A/D 转换器的转换时间是 A/D 转换完成一次转换所需要的时间。一般转换速度越快越好，常见的有高速（转换时间小于 1 μs）、中速（转换时间小于 1 ms）和低速（转换时间小于 1 s）等。

（4）绝对精度

A/D 转换器的绝对精度是指对应于一个给定量，A/D 转换器的误差大小由实际模拟输入值（中间值）与理论值之差来度量。

（5）相对精度

A/D 转换器的相对精度指的是满度值校准以后，任一数字输出所对应的实际模拟输入值（中间值）与理论值（中间值）之差。例如，对于一个 8 位 0~+5 V 的 A/D 转换器，如果其相对误差为 1 LSB，则其绝对误差为 19.5 mV，相对误差率为 0.39%。

（二）电路设计

根据任务要求，数字温度计的电路主要包括温度的采集与信号的放大、A/D 转换、数码显示三部分。其设计方案如图 9-1 所示。

图 9-1 数字温度计电路设计方案

1. 温度的采集与放大

温度的改变会影响一些电阻的阻值，温度传感器是通过物体随温度变化而变化的特性来测量的。一般采用阻值的变化与温度的变化有线性关系的电阻来采集温度，最后通过阻值的变化来反映温度。例如，Pt100 铂热电阻与温度之间存在着线性的关系，通过其阻值的变化可以得到对应的温度。有些温度传感器采用热电偶检测温度，其温度检测部分可以采用低温热偶。热电偶由两个焊接在一起的异金属导线所组成，其产生的热电势由两种金属的接触电势和单一导体的温差电势组成，通过将参考结点保持在已知温度并测量该电压，便可推断出检测结点的温度。LM35 温度传感器，是指集温度的采集与放大于一身的传感器，其内部将已采集的信号进行放大。

2. D/A 转换

D/A 转换就是将采集的温度模拟信号转换为数字信号，并能够被数码管识别的数字信号。TC7107 与 MC14433 都是三位半的 D/A 转换器，其可以直接与数码管进行连接显示。

3. 数码显示

数码显示就是将 TC7107 转换成的数字信号进行显示。一般数码管有共阳极与共阴极两类，它们的主要区别就是其公共端是接阳极还是接阴极，如果接阴极就为共阴极，反之则为共阳极。

四、相关知识

（一）TC7107 芯片

数字温度计将采集的模拟信号转换为数字信号，并通过数码管显示出来，可采用 TC7207 进行 A/D 转换。它能直接驱动七段数码管进行数码显示，从而得到表示温度的数字信号。TC7107 是高性能、低功耗的三位半的 A/D 转换器，其自身包含七段数码显示器、显示驱动器、参考源和时钟系统。三位半是指十进制数 0000~1999。所谓三位是指个位、十位、百位，其数字显示范围为 0~9 而半位是指千位，它不能像个位、十位、百位那样从 0~9 变化，只能从 0~1 变化，即二值状态，所以称为半位。如果其超过了量程，那么千位就会显示 1，反之显示 0，通常将显示的 0 进行消隐。与 ADC0809 芯片相比，TC7107 使电路简化的同时又节约了成本。

1. TC7107 特点

TC7107 是把模拟电路与逻辑电路集成在一块芯片上，其属于大规模的 CMOS 集成电路，特点如下。

1）可以采用 ±5 V 的电源供电，有助于实现仪表的小型化。
2）芯片内部有异或门输出电路，可以直接驱动 LED 显示器。
3）功耗低，芯片本身消耗的电流只有 1.8 mA，功耗约 16 mW。
4）输入阻抗高，对输入信号没有衰减作用。
5）能通过内部的模拟开关进行自动调零和自动极性显示。

6）噪声低，失调温标和增益温标均很小；具有良好的可靠性，使用寿命长。

7）整机组装方便，无须外加有源器件，可以很方便地进行功能检查。

2. TC7107 管脚介绍

TC7107 管脚如图 9-2 所示。

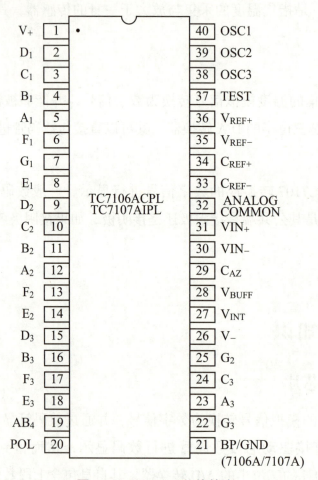

图 9-2　TC7107 芯片管脚

TC7107 芯片管脚功能介绍如表 9-1 所示。

表 9-1　TC7107 芯片管脚芯片功能介绍

管脚	管脚功能
1	V+ 提供正电压
2	D_1 激活个位显示的 d 部分
3	C_1 激活个位显示的 c 部分
4	B_1 激活个位显示的 b 部分
5	A_1 激活个位显示的 a 部分
6	F_1 激活个位显示的 f 部分
7	G_1 激活个位显示的 g 部分
8	E_1 激活个位显示的 e 部分
9	D_2 激活十位显示的 d 部分

续表

管脚	管脚功能
10	C_2 激活十位显示的 c 部分
11	B_2 激活十位显示的 b 部分
12	A_2 激活十位显示的 a 部分
13	F_2 激活十位显示的 f 部分
14	E_2 激活十位显示的 e 部分
15	D_3 激活百位显示的 d 部分
16	B_3 激活百位显示的 b 部分
17	F_3 激活百位显示的 f 部分
18	E_3 激活百位显示的 e 部分
19	AB_4 激活千位显示 1 的上、下两部分
20	POL 激活负极性显示
21	BP/GND 数字接地端
22	G_3 激活百位显示的 g 部分
23	A_3 激活百位显示的 a 部分
24	C_3 激活百位显示的 c 部分
25	G_2 激活十位显示的 g 部分
26	V− 提供负电源
27	V_{INT} 积分输出。积分电容的连接点
28	V_{BuFF} 连接积分电阻。满量程为 200 mV 时,电阻阻值一般为 47 kΩ;满量程为 2 V 时,电阻阻值为 470 kΩ
29	C_{AZ} 自动调零,电容的容量对系统噪声会产生影响。满量程为 200 mV 时,使用的电容为 0.47 μF;满量程为 2 V 时,电容为 0.047 μF
30	VIN− 连接的是模拟低电平输入信号
31	VIN+ 连接的是模拟高电平输入信号
32	ANALOG COMMON,主要用来设置模拟共模电压,用于电池操作或输入信号以电源为基准的系统。其还可以充当电源
33(34)	C_{REF-},C_{REF+} 在大部分应用中使用 0.1 μF 的电容。如果存在大共模电压,并且使用 200 mV 的量程,则使用 1 μF 的电容比较好,因为其将会使翻转误差保持为半个计数
35(36)	V_{REF-},V_{REF+}。V_{REF} 需要此模拟输入管脚以生成满量程输出,即 1999 个计数。在管脚 35 与管脚 36 之间放置 100 mV 电压,其满量程为 199.9 mV,在管脚 35 与管脚 36 之间加 1 V 的电压时,其满量程为 2 V
37	TEST 测试端。如果测试电压升至 V+ 时,所有的将会导通,并且数码管显示的读数为 −1888。除此之外其还可以作为外部小数点的负供电电压
38、39、40	OSC3、OSC2、OSC1。这 3 个部分组成振荡器部分。对于 48 kHz 的时钟,38 管脚接 100 pF 的电容,39 管脚接 100 kΩ 的电阻,并且电容与电阻的另一端接 40 管脚

3. TC7107 工作原理

TC7107 是双积分型 A/D 转换器，主要是在一个测量周期内进行两次积分，两次积分的方向相反，将被测电压 U_X 转换成与其成正比的时间间隔，在此时间间隔内填充标准的时钟脉冲，并用仪器记录的脉冲个数来反映 U_X 的值，所以它是 U–T 变换型的。其内部原理图如图 9-3 所示。

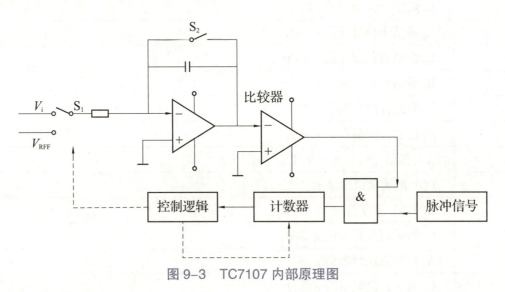

图 9-3 TC7107 内部原理图

其工作主要有以下 3 个阶段。

1）准备阶段：这一阶段主要使积分器的输出电压变为 0，保证将输入电压 $U_0=0$ 作为其初始状态。自动调零电容一般为 0.47 μF。

2）采样阶段：这一阶段主要是对被测量即对输入的电压进行积分。一般作正向积分，输出的电压 U_0 呈线性增加，同时逻辑控制电路将闸门打开，释放脉冲个数。TC7107 的信号积分周期为 1 000 个时钟周期或计数。在内部计时之前，将其外部的时钟频率进行四分频。

当转换器与测量系统公用同一电源公共端即接地端时，由 V_{IN+} 和 V_{IN-} 输入的差分信号必须在器件共模电压的范围之内。如果转换器与测量系统未公用同一电源公共端，则应将 V_{IN-} 接到模拟公共端。极性是在积分结束后确定的。符号位是真实的极性指示，这样才能正确分辨小于 1 LSB 的信号，从而使精密零件检测只受器件噪声和自动调零残留失调的限制。

3）参考积分阶段：这一阶段主要是对系统的标准电压与被测电压进行积分方向相反的积分。如果对被测电压即输入电压进行正向积分，则对标准电压就应该进行反向积分，反之亦然。用于在参考电压积分周期期间使积分器输出电压返回到 0 的参考电压存储在 C_{REF} 上。当 VIN– 连接到模拟公共端时，可使用 0.1 μF 的电容。如果存在一个大的共模电压（V_{REF-} 与模拟公共端相连）中，则需要 200 mV 的满量程，可将 C_{REF} 增加至 1.0 μF，翻转误差将保持在半个计数以内，此时选用聚酯薄膜型介质电容即可。

（二）LM35 传感器

LM35 传感器是精密集成电路温度传感器，其输出的电压线性地与摄氏温度成正比。因此，LM35 的性能比按绝对温标校准的线性温度传感器优越得多。LM35 传感器生产制作时已经通过校准，其输出电压与摄氏温度一一对应，使用极为方便。LM35 传感器灵敏度为 10.0mV/℃，精度在 0.4~0.8 ℃（-55~+150 ℃温度范围内），重复性好，输出阻抗低，线性输出和内部精密校准使其的读出或控制电路的接口使用起来简单和方便，可单电源和正、负电源工作。

1. LM35 特点

LM35 的特点主要有以下几点。

1）在摄氏温度下直接校准。

2）有 +10.0 mV/℃的线性刻度系数。

3）能确保 0.5 ℃的精度（在 25 ℃）。

4）额定温度范围为 -55~+150 ℃。

5）适合于远程应用。

6）工作电压范围宽（4~30 V）。

7）低功耗（< 60 μA）。

8）在静止空气中，自热效应低，小于 0.08℃的自热。

9）非线性仅为 ± 1/4 ℃。

10）输出阻抗低，通过 1 mA 电流时仅为 0.1 Ω。

2. LM35 参数指标及外形图

1）LM35 极限参数如表 9-2 所示。

表 9-2　LM35 极限参数

电源电压 /V	输出电压 /V	输出电流 /mA
0.2~35	1.0~6	100

2）LM35 外形图如图 9-4 所示，从左往右管脚依次是电源正极端、输出端、接地端。

图 9-4　LM35 外形图

五、任务实施

（一）制作（焊接）电路

1. 项目内容

制作一个数字温度计，其电路原理图如图 9-5 所示。

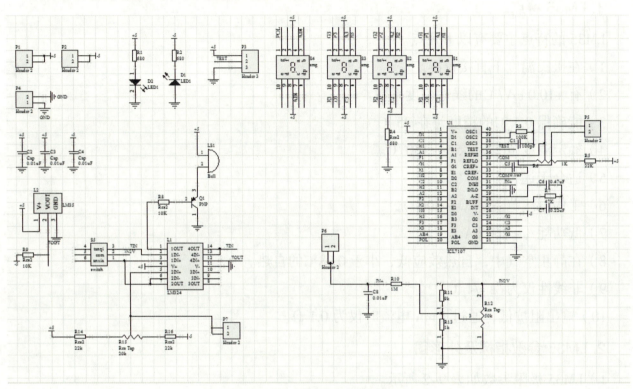

图 9-5　数字温度计电路原理图

2. 工具、器材及设备

电烙铁、烙铁架、焊锡、松香、镊子、尖嘴钳、斜口钳、示波器、数字万用表、函数发生器。

3. 元件清单

数字温度计元件清单如表 9-3 所示。

表 9-3　数字温度计元件清单

元件名称	型号、规格	数量	备注
电阻	10 kΩ	3 个	
电阻	100 kΩ	1 个	
电阻	24 kΩ	1 个	

续表

元件名称	型号、规格	数量	备注
电阻	1 MΩ	1个	
电阻	470 kΩ	1个	
电阻	1 kΩ	1个	
可调电阻	100 kΩ	1个	
可调电阻	20 kΩ	1个	
电容	0.1 μF	1个	
电容	0.01 μF	1个	
电容	0.047 μF	1个	
电容	0.22 μF	1个	
电容	100 pF	1个	
集成芯片	LM35	1个	
集成芯片	OP-07	1个	
集成芯片	ICL7107	1个	
数码管	共阳极数码管	3个	

4. 焊接电路

数字温度计电路实物图如图9-6所示，参考此图自行完成。

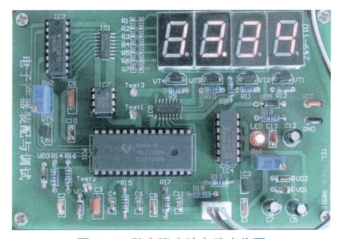

图9-6 数字温度计电路实物图

（二）调试电路

在完成电路的设计之后就要设置对应的参数。设置参考电压，采用20 kΩ的电阻与150 kΩ的滑动变阻器进行分压，调节滑动变阻器，可以减小输入电压与显示值之间的误差。仿真的结果与实际值之间相差了 0.1。且 LM35 显示的值只有一位小数，它会自动地进行四舍五入。输入 0.49 时，LM35 的显示值为 0.5，数码管显示为 0.6，误差为 0.1。数字温度计仿真电路如图 9-7 所示，图中为输入 0.44 情况下得到的结果。

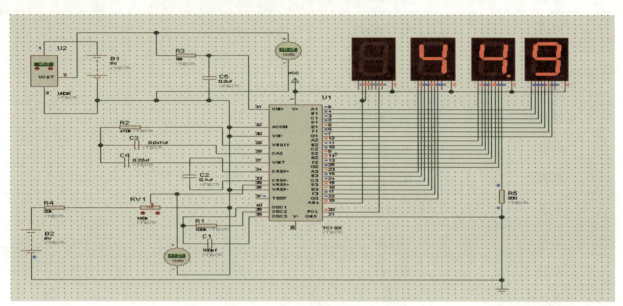

图 9-7　数字温度计仿真电路

（三）记录输出结果、撰写总结报告

1）记录输出电压值并填写表格。

数字温度计测量数值如表 9-4 所示。

表 9-4　数字温度计测量数值

检测环境	输出温度值	备注
环境 1：低温		
环境 2：中温		
环境 3：高温		

2）撰写项目总结报告。

六、任务评价

对本任务的知识掌握与技能运用情况进行测评，完成表 9-5。

表 9-5 任务测评表

测评项目	测评内容	自我评价	教师评价
基本素养（30分）	无迟到、无早退、无旷课（10分）		
	团结协作能力、沟通能力（10分）		
	安全规范操作（10分）		
知识掌握与技能运用（70分）	正确说出模/数转换的过程（10分）		
	正确说出数字温度计的组成原理及各部分作用（10分）		
	正确设计数字温度计电路图（10分）		
	正确说出 TC7107、LM35 的功能、作用（20分）		
	正确制作数字温度计（20分）		
综合评价			

七、任务扩展

（一）实验目的

1）了解模拟与数字电路知识。
2）掌握 A/D 转换的设计方法。

（二）实验内容

制作一个自动温控报警系统。

（三）实验原理及实验电路说明

现实生活中，常常需要进行温度控制。当温度超出某一规定的上限值时，需要立即切断电源并报警，待恢复正常后设备继续运行。本模拟电路基于上述原理，采用常用的 LM358 作比较器，555 作振荡器，十进制计数/译码器 CD4017 以及锁存/译码/驱动电路 CD4511 作译码显示。自动温控报警系统电路原理图如图 9-8 所示。调节电位器 R_{P1} 设定动作温度，模拟设备正常运行时的状态，使数码管顺序循环显示 0→1→2→4→8→0→8→4→2→1。调节电位器 R_{P2}，可改变数码管循环显示的速度。用电烙铁代替发热元件，靠近热敏元件 RT（正温度系数），发热元件随温度的变化改变阻值。当热敏元件感受的温度超过设定的上限温度时，数码管顺序显示停止，同时报警电路发出声音报警。将烙铁离开热敏元件，使热敏元件所感受的温度在上限温度以下，温度电路恢复常态，报警停止，数码管恢复循环显示数字。

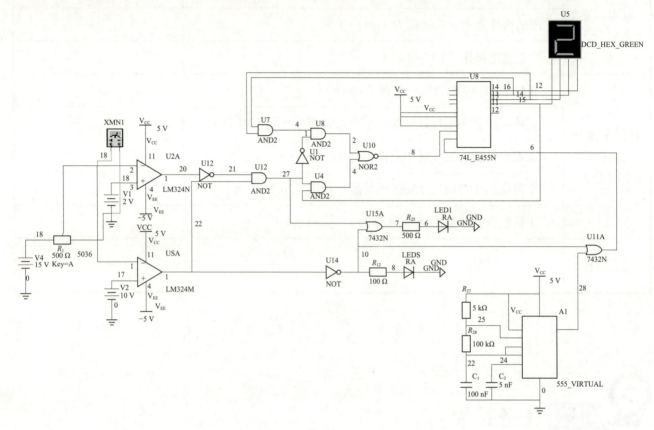

图 9-8　自动温控报警系统电路原理图

（四）实验设备及所需元件

自动温控报警系统元件清单如表 9-6 所示。

表 9-6　自动温控报警系统元件清单

元件名称	型号、规格	数量	备注
电阻	2 kΩ	3 个	
电阻	5.1 kΩ	2 个	
电阻	100 kΩ	1 个	
电阻	20 kΩ	1 个	
电阻	510 kΩ	7 个	
可调电阻	10 kΩ	1 个	
可调电阻	5 kΩ	1 个	
电容	1000 μF/25 V	1 个	

续表

元件名称	型号、规格	数量	备注
电容	470 μF/25 V	1个	
电容	103	2个	
电容	220 μF	1个	
集成芯片	LM358	1个	
集成芯片	NE555	1个	
集成芯片	CD4017	1个	
集成芯片	CD4511	1个	
数码管	7 段 LED	1个	
蜂鸣器	5 V 有源	1个	
晶体管	8050	1个	
二极管	IN4007	1个	
二极管	IN4148	1个	
发光二极管	红色	1个	
继电器	1.2 V	1个	
热敏电阻	1.5 kΩ	1个	

（五）实验步骤

1）按图 9-8 焊接好电路，自动温控报警系统实物图如图 9-9 所示。

2）撰写实验报告。

图 9-9　自动温控报警系统实物图

（六）实验报告要求

1）总结在测试中出现的故障原因，并对故障进行分析。

2）撰写实验报告。

附 录

一、教学辅助：课堂实训报告

项目实训报告模板如附表1所示。

附表1　项目实训报告模板

项目名称：		制作时间：	
小组成员：			
任务目标：			
实训设备及要求：			
实训内容：			
实训步骤：			
项目成果：			
自我评价：		教师评价：	

二、创新拓展：全国电子设计竞赛题（摘选）

A 题：降压型直流开关稳压电源

1. 任务

以 TI 公司的降压控制器 LM5117 芯片和 CSD18532KCS MOS 场效应管为核心器件，设计并制作一个降压型直流开关稳压电源。当额定输入直流电压 U_{IN}=16 V 时，额定输出直流电压 U_O=5 V，输出电流最大值 I_{Omax}=3 A。电源测试连接图如附图 1 所示。

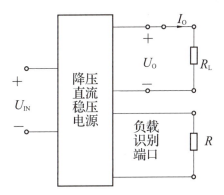

附图 1　电源测试连接图

2. 要求

1）在额定输入电压下，输出电压偏差：$|\Delta U_O|=|5\text{ V}-U_O| \leqslant 100\text{ mV}$。（10 分）

2）在额定输入电压下，最大输出电流：$I_O \geqslant 3\text{ A}$。（10 分）

3）输出噪声纹波电压峰值：$U_{OPP} \leqslant 50\text{ mV}$（$U_{IN}$=16 V，$I_O=I_{Omax}$）。（10 分）

4）I_O 从满载 I_{Omax} 变到轻载 $0.2I_{Omax}$ 时，负载调整率为

$$S_i = \left|\frac{U_{O\text{轻载}}}{U_{O\text{满载}}} - 1\right| \times 100\% \leqslant 5\%\,(U_{IN} = 16\text{ V})$$

（10 分）

5）U_{IN} 变化到 17.6 V 和 13.6 V 时，电压调整率为

$$S_V = \frac{\max(|U_{O17.6V} - U_{O16V}|, |U_{O16V} - U_{O13.6V}|)}{U_{O16V}} \times 100\% \leqslant 0.5\%\left(R_L = \frac{U_{O16V}}{I_{Omax}}\right)$$

（10 分）

6）效率 $\eta \geqslant 85\%$（U_{IN}=16 V，$I_O=I_{Omax}$）。（15 分）

7）电路具有过流保护功能，动作电流为 I_{Oth}。（10 分）

8）电源具有负载识别功能。增加 1 个 2 端子端口，端口可外接电阻 R（1~10 kΩ）作为负载识别端口，参考附图 1。电源根据通过测量端口识别电阻 R 的阻值，从而确定输出电压，输出电压表达式为

$$U_O = \frac{R}{1\text{ k}\Omega}(\text{V})$$

（10 分）

9）尽量减轻电源质量，使电源不含负载 R_L 时的质量 ≤ 0.2 kg。 （15分）

10）设计报告。 （20分）

项目设计报告如附表2所示。

附表2 项目设计报告

项　目	主要内容	满分
方案论证	①比较与选择 ②方案描述	3
理论分析与计算	①降低纹波的方法 ②DC-DC 变换方法 ③稳压控制方法	6
电路与程序设计	①主回路与器件选择 ②其他控制电路与控制程序（若有）	6
测试方案与测试结果	①测试方案及测试条件 ②测试结果及其完整性 ③测试结果分析	3
设计报告结构及规范性	摘要、报告正文结构规范，公式、图、表的完整性和准确性	2
总分		20

3. 说明

1）该开关稳压电源不得采用成品模块制作。

2）稳压电源若含其他控制，测量电路都只能由 U_{IN} 端口供电，不得增加其他辅助电源。

3）要求电源输出电压精确稳定，若 $|\Delta U_O|$>240 mV 或 U_{OPP}>240 mV，则作品不参与测试。

B 题：自动循迹小车

1. 任务

设计并制作一个自动循迹小车。该小车采用 TI 公司 LDC1314 或 LDC1000 电感数字转换器作为循迹传感器，在规定的平面跑道上自动按顺时针方向循迹前进。跑道示意图如附图2所示。跑道的标识为一根直径为 0.6~0.9 mm 的细铁丝，按照附图2的示意尺寸进行制作，并用透明胶带将其贴在跑道上。图中所有圆弧的半径均为 20 cm ± 2 cm。

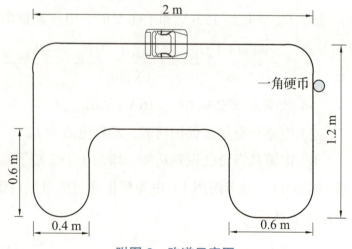

附图 2 跑道示意图

2. 要求

1）在附图 2 小车所在的直线区任意指定一起点（终点），小车依据跑道上设置的铁丝标识，自动绕跑道跑完一圈，时间不得超过 10 min。小车运行时必须保持轨迹铁丝位于小车垂直投影之下。如有越出，每次扣 2 分。 （40 分）

2）实时显示小车行驶的距离和运行时间。 （10 分）

3）在任意直线段铁丝上放置 4 个直径约 19 mm 的镀镍钢芯硬币（第五套人民币的 1 角硬币），硬币边缘紧贴铁丝，如附图 2 所示。小车路过硬币时能够发现并发出声音提示。（20 分）

4）尽量减少小车绕跑道跑完一圈所运行的时间。 （25 分）

5）其他。 （5 分）

6）设计报告。 （20 分）

项目设计报告如附表 3 所示。

附表 3　项目设计报告

项　目	主要内容	满分
方案论证	比较与选择，方案描述	3
理论分析与计算	系统相关参数设计	5
电路与程序设计	系统组成，原理框图与各部分的电路图，系统软件与流程图	5
测试方案与测试结果	测试结果完整性，测试结果分析	5
设计报告结构及规范性	摘要、正文结构规范，图、表的完整与准确性	2
总　分		20

3. 说明

1）自动循迹小车允许用玩具车改装。小车用自带电池供电运行，不能使用外接电源。小车的尺寸为其在地面的投影，不能超过 A4 纸大小。小车自动运行后，不得有任何人工干预小车运动的行为，如遥控等。

2）电感传感器除了使用 TI 公司配发的 LDC1314 芯片外，也可使用 LDC1000 芯片或模块，数量也仅限一片。不得使用任何其他类型的传感器用于循迹。

3）跑道除指定的铁丝外，不得另外增加任何标记。跑道附近不应有其他额外的金属物体。

C 题：脉冲信号参数测量仪

1. 任务

设计并制作一个数字显示的周期性矩形脉冲信号参数测量仪，其输入阻抗为 50 Ω。同时，设计并制作一个标准矩形脉冲信号发生器，作为测试仪的附加功能。

2. 要求

1）测量脉冲信号频率 f_0，其范围为 10 Hz~2 MHz，测量误差的绝对值不大于 0.1%。（15 分）

2）测量脉冲信号占空比 D，其范围为 10~90%，测量误差的绝对值不大于 2%。（15 分）

3）测量脉冲信号幅度 V_m，其范围为 0.1~10 V，测量误差的绝对值不大于 2%。（15 分）

4）测量脉冲信号上升时间 t_r，其范围为 50~999 ns，测量误差的绝对值不大于 5%。（15 分）

5）提供一个标准矩形脉冲信号发生器，要求：（30 分）

①频率 f_0 为 1 MHz，误差的绝对值不大于 0.1%；

②脉宽 t_w 为 100 ns，误差的绝对值不大于 1%；

③幅度 V_m 为 5 ± 0.1 V（负载电阻为 50 W）；

④上升时间 $t_r \leqslant$ 30 ns，过冲 $\sigma \leqslant$ 5%。

6）其他。（10 分）

7）设计报告。（20 分）

项目设计报告如附表 4 所示。

附表 4 项目设计报告

项 目	主要内容	满分
方案论证	比较与选择，方案描述	3
理论分析与计算	系统相关参数设计	5
电路与程序设计	系统组成，原理框图与各部分的电路图，系统软件与流程图	5
测试方案与测试结果	测试结果完整性，测试结果分析	5
设计报告结构及规范性	摘要、正文结构规范，图、表的完整与准确性	2
总分		20

3. 说明

1）脉冲信号参数的定义如附图 3 所示。其中，上升时间 t_r 是指输出电压从 0.1 V_m 上升到 0.9 V_m 所需要的时间；过冲 σ 是指脉冲峰值电压超过脉冲电压幅度 V_m 的程度，其定义为 $\sigma = \dfrac{\Delta V_m}{V_m} \times 100\%$。

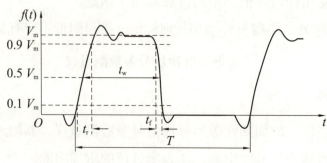

附图 3 脉冲信号参数的定义

2）被测脉冲信号可采用基于 DDS 的任意波形信号发生器产生信号。

D 题：简易电子秤

1. 任务

设计并制作一个以电阻应变片为称重传感器的简易电子秤，其结构如附图 4 所示。图中铁质悬臂梁固定在支架上，支架高度不大于 40 cm，支架及秤盘的形状与材质不限。悬臂梁上黏贴电阻应变片作为称重传感器。

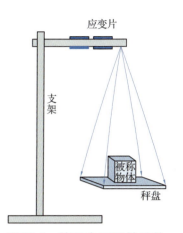

附图 4　简易电子秤的结构

2. 要求

1）电子秤可以数字显示被称物体的质量，单位为 g。（10 分）

2）电子秤称重范围为 5~500 g；当被称物体质量小于 50 g 时，称重误差小于 0.5 g；当被称物体质量在 50 g 及以上时，称重误差小于 1 g。（50 分）

3）电子秤可以设置单价（元 / 克），可计算物品金额并实现金额累加。（15 分）

4）电子秤具有去皮功能，去皮范围不超过 100 g。（15 分）

5）其他。（10 分）

6）设计报告。（20 分）

项目设计报告如附表 5 所示。

附表 5　项目设计报告

项　目	主要内容	满分
方案论证	比较与选择，方案描述	3
理论分析与计算	系统相关参数设计	5
电路与程序设计	系统组成，原理框图与各部分的电路图，系统软件与流程图	5
测试方案与测试结果	测试结果完整性，测试结果分析	5
设计报告结构及规范性	摘要、正文结构规范，图、表的完整与准确性	2
总分		20

3. 说明

1）称重传感装置需自制，不得采用商用电子称的称重装置。

2）铁质悬臂梁可用磁铁检验，悬臂梁上所用电阻应变片的种类、型号、数量自定。

3）测试时以砝码为质量标准。

参 考 文 献

[1] 杜德昌. 电工电子技术与技能 [M]. 3 版. 北京：高等教育出版社，2018.
[2] 申风琴. 电工电子技术及应用 [M]. 2 版. 北京：机械工业出版社，2019.
[3] 孙晖. 电工电子学实践教程 [M]. 北京：电子工业出版社，2018.
[4] 程周，段红. 电工电子技术与技能实训指导 [M]. 3 版. 北京：高等教育出版社，2020.
[5] 林红华，唐灿耿. 电子电路装调与应用技能实训 [M]. 北京：高等教育出版社，2020.
[6] 崔陵. 电子元器件与电路基础 [M]. 2 版. 北京：高等教育出版社，2018.
[7] 路廷镇. 电子技术设计进阶 [M]. 北京：电子工业出版社，2021.
[8] 王苹. 数字电子技术及应用 [M]. 2 版. 北京：电子工业出版社，2015.